奇趣动物大百科

第一卷

《图说天下》编委会◎编

吉林出版集团股份有限公司

图书在版编目(CIP)数据

奇趣动物大百科 : 1–3 / 《图说天下》编委会编 . –– 长春 : 吉林出版集团股份有限公司, 2022.7

ISBN 978–7–5731–1169–2

Ⅰ. ①奇… Ⅱ. ①图… Ⅲ. ①动物—儿童读物 Ⅳ. ①Q95–49

中国版本图书馆CIP数据核字（2022）第021623号

奇趣动物大百科

QIQU DONGWU DA BAIKE

主　　编　《图说天下》编委会
出版策划　齐　郁
选题策划　郝秋月
项目执行　赵晓星
责任编辑　赵晓星
出　　版　吉林出版集团股份有限公司
（长春市福祉大路 5788 号，邮政编码：130118）
发　　行　吉林出版集团译文图书经营有限公司
（http://shop34896900.taobao.com）
电　　话　总编办 0431– 81629909　营销部 0431– 81629880 / 81629881
制　　作　日知图书（www.rzbook.com）
印　　刷　文畅阁印刷有限公司
开　　本　720mm × 787mm 1/12
印　　张　18（全三卷）
字　　数　200 千字（全三卷）
版　　次　2022 年 7 月第 1 版
印　　次　2022 年 7 月第 1 次印刷
书　　号　ISBN 978–7–5731–1169–2
定　　价　128.00 元（全三卷）

前言

在这颗蔚蓝色的星球上，除了人类，还生活着一群与人类息息相关的神奇精灵——动物。它们与人类一起分享着这个美丽的家园，并用自己的独特方式，演绎着大自然生生不息的生命传奇。千变万化的生灵百态中，每一种动物都展现着自己独有的动人风采。

变色龙通过机智地表演“变装秀”以躲避敌害，北极熊以自己的“天然皮衣”在极地世界笑傲风雪，信天翁凭着巨大的翅膀在天空疾飞远遁，牛、马及各种动物则凭借自己的“本领”与人类达成了某种默契……它们用五彩缤纷的生命点缀着这生机盎然的世界，奏响美丽而神奇的生命旋律。

和人类相比，动物固然没有人类的智慧，然而在身体结构和生存本能上，它们却有着许多人类比不上的本领。凭借着各自的长处和优势，动物在这个星球上繁衍生息，一代又一代。

这套书就是要将你带入奇趣的动物世界。在这里，你可以欣赏到形形色色的生灵，了解它们的模样，它们的“性格”，它们的生活。生动流畅的文字，配以精美绝伦的彩色摄影图片和手绘插图，栩栩如生地描述了在生存环境的选择下，动物世界中物竞天择、适者生存的自然规律。

孩子的成长，是一个不断认识世界的过程，认识世界，从认识动物开始！如果不能让脚步飞扬，那么总该给心灵插上翅膀，自由地翱翔于地球的各个角落，看遍万千生灵的模样。它们或平淡如水、或惊心动魄的日常里，却蕴涵着我们所熟悉的隽永与坚韧、温存与刚毅，它们足以触发我们内心的感动，让我们更加敬畏每一个无与伦比的生命。

目录

Contents

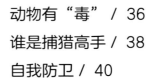

Chapter 1 探秘动物王国

Chapter 2 高强的本领

Chapter 3 动物的一生

Chapter 4 动物的家

Chapter 1

探秘动物王国

神奇的动物家族 Animal

动物是什么

动物是生物的一大类，这类生物多以有机物为食料，有神经，有感觉，能运动。它们有的简单到只有一个细胞，有的则是由数万亿个细胞组成、可以在地球上行走的庞然大物。寄生动物安逸地生存在其他生物体内，身体结构十分简单；而属于灵长类动物的人类，却用智慧将世界变得更加丰富多彩。

动物的身体

动物的身体结构，是先由细胞形成组织，再由组织形成器官，最后器官联合成系统，从而形成完整的动物体。最小的原生动物，肉眼是看不到的；最大的动物蓝鲸，体重达 181 吨。

生活在南极的帝企鹅一家

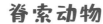

脊索动物

哺乳动物

两栖动物

爬行动物

鸟类

鱼类

节肢动物

多足类（如蜈蚣）

蛛形类（如蜘蛛）

昆虫（如蝴蝶）

甲壳类（如虾）

形形色色的嘴巴

动物不能依靠太阳光提供的能量自己制造食物。它们主要用嘴巴来摄取各种食物，还能当作武器。比如，蝗虫、蚊子等用口器取食。脊椎动物的嘴一般有舌头和牙齿。老虎等猛兽的牙齿可以咬死很大的动物。

长嘴巴的鹈鹕

河马的大嘴巴

腔肠动物

水螅类、珊瑚类、钵水母类

（如水螅、海葵、珊瑚、水母等）

软体动物

头足类、腹足类、瓣腮类

（如蜗牛、田螺、河蚌、蚯蚓等）

棘皮动物

海参类、海星类、海胆类、海百合类

都要呼吸

动物以各种方式呼吸。生活在陆地上的动物大多用肺呼吸；鱼类等水生动物主要用鳃或皮肤进行呼吸，肺鱼还能用鱼鳔呼吸。动物呼吸时吸入氧，呼出二氧化碳。

鱼一般是用鳃呼吸的。

体温

所有动物的身体都需要热量。哺乳动物和鸟类产热与散热平衡，体温不变，叫作恒温动物；其他动物的体温随环境而改变，叫变温动物，比如蛇、鳄鱼等。

蝰蛇
蛇和鳄鱼都是变温动物，它们的体温会随着环境温度的变化升高或降低。

动物进化历程 Evolution

动物界是按照从单细胞到多细胞、从水生到陆生、从简单到复杂的历程演化的。其中最经典的一个环节就是脊椎动物完成了从水生到陆生、从变温到恒温、由卵生到胎生的转变。在这个转变过程中，人类诞生了。

约 258 万年前
现代
第四纪
约 2.99 亿年前
二叠纪

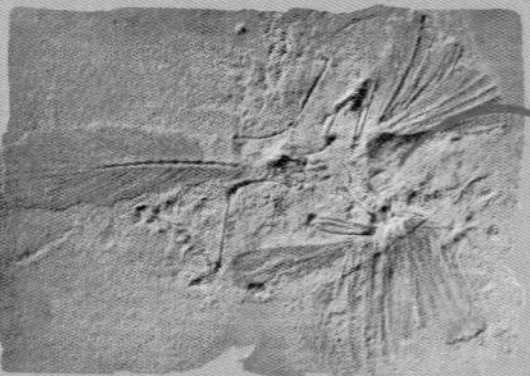
化石

化石

生物的尸体或留下的痕迹经过自然的作用被保存在岩层中，这些遗体、遗迹统称化石。化石在对动物进化过程的研究中起到了很大的作用，它就像现在的照相机，将几亿年前的影像拍下，然后展示在现代人面前。

自然选择

英国生物学家达尔文认为，只有适应环境的生物才能够生存，而那些不能适应环境的生物则会被自然淘汰，如长颈鹿在自然选择的过程中进化出了长长的脖子，这样它们就可以比短脖子的动物得到更多的食物。这就是大自然“优胜劣汰”的生存法则。

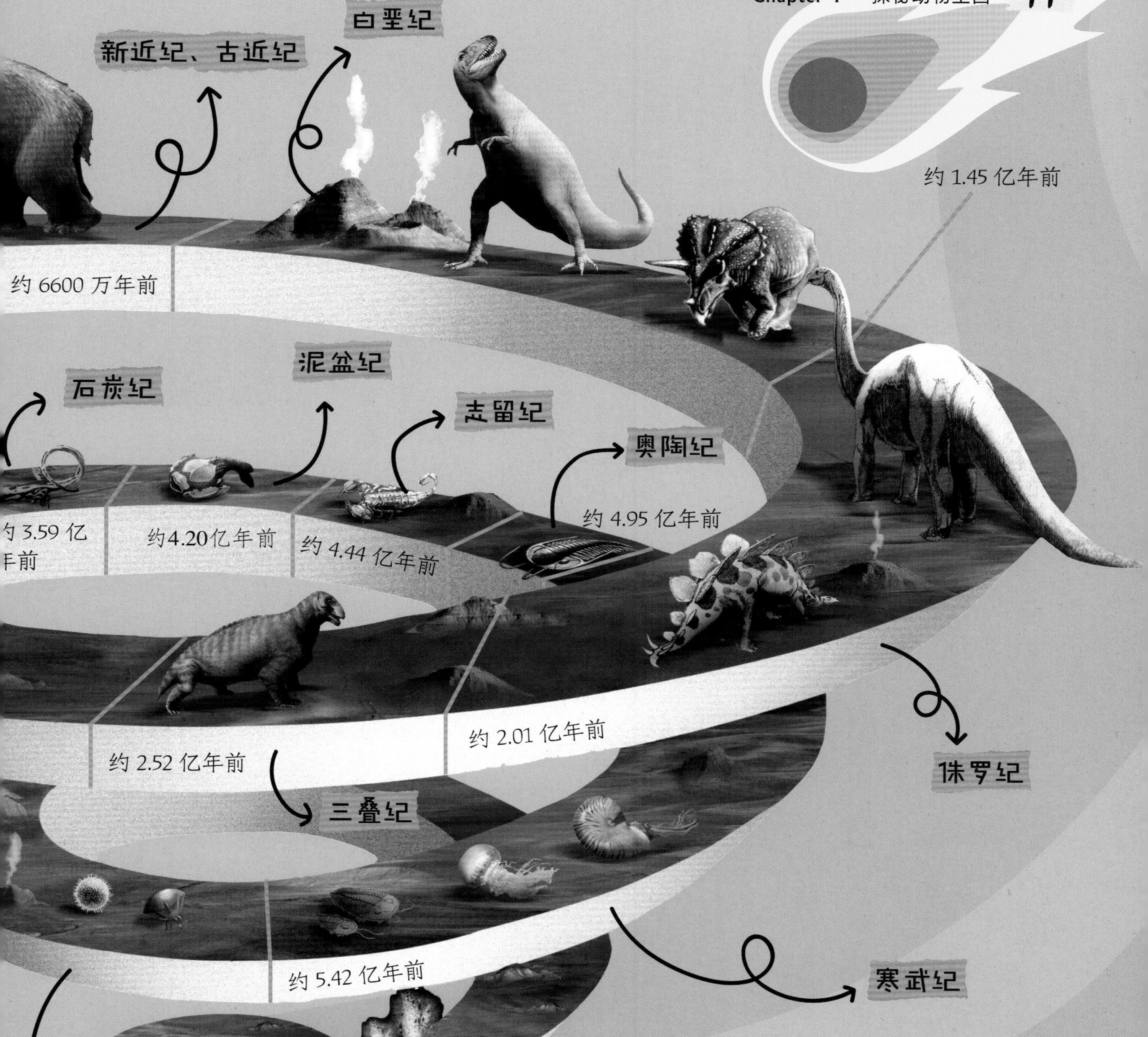
新近纪、古近纪
白垩纪
约 6600 万年前
约 1.45 亿年前
石炭纪
泥盆纪
志留纪
奥陶纪
约 3.59 亿年前
约4.20亿年前
约 4.44 亿年前
约 4.95 亿年前
约 2.52 亿年前
约 2.01 亿年前
侏罗纪
三叠纪
约 5.42 亿年前
寒武纪
前寒武纪

进化的证据

1860年，古生物学家在德国发现了始祖鸟化石。始祖鸟的实际大小和现在的乌鸦相近，全身都有羽毛，两翼和腿清晰可见。始祖鸟生活在1.5亿年前，并没有完全进化，所以它身上还有一些爬行动物的特征。因此，科学家认为始祖鸟可能是由小型恐龙进化而成的。

史前动物 Prehistoric

在漫长的历史长河中，出现过许许多多动物，它们有的曾盛极一时，称霸地球，有的顽强抗争，存续至今。而史前动物长什么样，它们生活的环境如何，我们只能从它们的化石中窥见一斑了。

始祖鸟

始祖鸟

始祖鸟生活在距今1.5亿年前，科学家从其化石上看到清晰的羽毛印痕，这些羽毛分为初级和次级飞羽，还有尾羽。始祖鸟的前肢进化成飞行的翅膀，后足有4个趾，3前1后，这些特征都和现代鸟类相似。因此有些科学家推断始祖鸟是鸟类的祖先，但是现在这一说法仍有争议。

猛犸象

猛犸象生活在距今20万年到1万年前第四纪冰川地区外缘的冻土苔原地带。猛犸象体形与现代象相似，但后腿短，整个体态向后倾，象牙长而弯曲，臀部下塌，尾巴上长着一丛长毛，脚趾比现代象少1个，只有4个。

猛犸象

你应该知道的恐龙 Dinosaur

在大约2.3亿年前的三叠纪晚期，恐龙出现在地球上，并逐渐成为当时陆地上最庞大的动物。恐龙称霸地球长达2亿年之久，但是在6500万年前，几乎所有的恐龙都神秘地消失了。目前人们只能看到它们的化石。

剑龙

剑龙

剑龙是一种行动缓慢的植食恐龙。它们身体形态奇特，后肢比前肢长得多，背部弓起，像一座小山峰。它们身上长有许多竖立的骨板，像一把把尖刀，倒插在颈部、背部和尾部。剑龙在侏罗纪晚期盛极一时，于白垩纪早期灭亡。

三角龙

三角龙

三角龙是最有名的有角恐龙，其得名就是因为它们头上长着3个角。三角龙生活在白垩纪晚期，体重最重可达12吨。三角龙常被人们误解为凶猛的恐龙，实际上它们是很温和的动物。

霸王龙

霸王龙

霸王龙是食肉恐龙中最著名的，是恐龙世界的霸主。它们的后腿强健有力，但由于身体太重，无法长时间连续快跑。在白垩纪晚期，它们横行霸道，鸭嘴龙、甲龙等食草动物都成了它们的美餐。因此，霸王龙成了凶暴和力量的象征。

高等的脊索动物 Chordate

脊索动物是动物界中最高等的一门。地球上已知脊索动物4万余种，分别属于口索动物、尾索动物、头索动物和脊椎动物。其中包括无脊椎骨而有脊索的动物，如生活在海里的海鞘、文昌鱼；所有有脊椎动物，如无颌类、鱼类、两栖类、爬行类、鸟类和哺乳类。

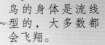

鸟的身体是流线型的，大多数都会飞翔。

生物体内的“大梁”

在脊索动物身体的背部、消化道的上方、背神经管的下面，有一条由结缔组织组成的“大梁”，柔软而富有弹性，支持着身体的前后，这就是脊索。原索动物终生存在脊索，而脊椎动物的脊索只出现在胚胎期，之后被脊椎取代。

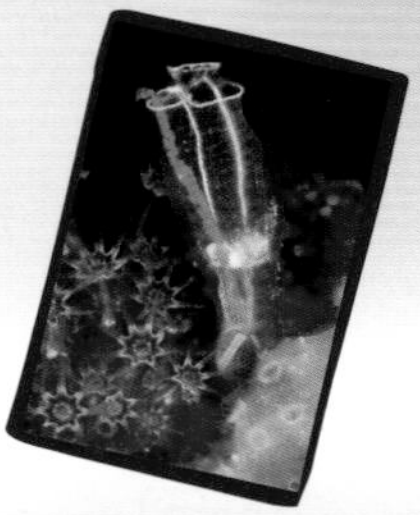

海鞘

喵~
喵~

所有的哺乳动物都是恤温动物。

海底“宝石”

属于尾索动物亚门的海鞘，会将自己“拴”在一个比较安稳的地方，如礁石、马尾藻以及废弃的绳索上，静静地收集着海水中的有机物。它们体内含有荧光素，色彩鲜艳，像沉落在海底的宝石。

哥斯达黎加的雄性鬣蜥

最高等的脊索动物

哺乳动物大多全身有毛，身体恒温，后代胎生且用乳汁喂养。它们是躯体结构、功能和运动最为复杂的动物。哺乳动物大多生活在陆地上，也有一些生活在海洋中，还有在天空中飞翔的蝙蝠。

鳄鱼是一种大型爬行动物。

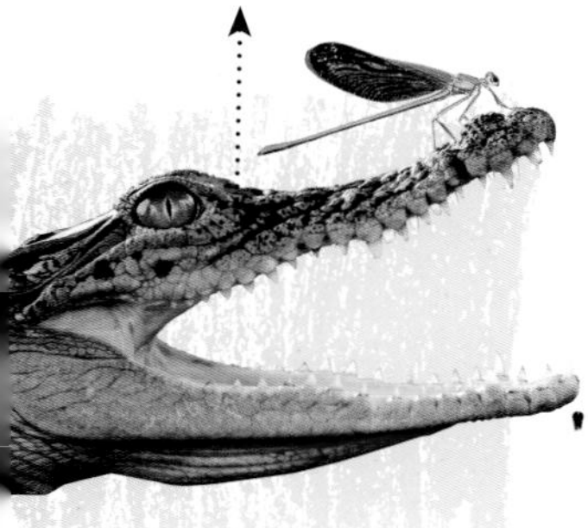

爬行动物

爬行动物第一次实现了离开水而生活。它们的卵由坚硬的卵壳或卵膜保护，胚胎发育过程中还得到羊膜等的保护与滋养。多数爬行动物全身披着角质鳞，大大减少了体内的水分蒸发。

红眼树蛙属于两栖动物，是一种罕见的蛙，它有一对突出的红眼睛，白白的肚皮，橘红色的脚趾，色彩十分绚丽。

蛇属于爬行动物，具有干燥、覆盖着鳞片的皮肤。

两栖动物

两栖动物是一种变温动物，幼时生活在水中，用鳃呼吸，成年后可以生活在陆地上，用肺和皮肤呼吸，青蛙和蟾蜍都属于此类。成年树蛙终年在树上生活，它们的孩子则在水中慢慢长大。雌树蛙在水边的树上产下卵后，便不停地跳下池塘吸水，以便有足够的水湿润卵粒。刚孵化的小蝌蚪拼命跳跃，搭乘落叶进入水中。

文昌鱼

鱼的祖先

文昌鱼属于头索动物亚门，终生具有脊索、背神经管和咽鳃裂。它们没有鳞，没有明显的头，也没有眼、耳、鼻等感觉器官，以及专门的消化系统。文昌鱼属无脊椎动物进化到脊椎动物的过渡类型，是“鱼类进化活化石”。

爱玩“换装”的节肢动物 Arthropod

蝉的蜕变

节肢动物根据触角和足的数量不同可分为：蛛形纲、多足纲、甲壳纲、昆虫纲等。它们有很多共同的特征：身体被角质层或壳所覆盖；可以分为许多个部分，或许多节；每个节上都有一对连接起来的触角或者足，可作为运动器官。现存已命名的节肢动物有120多万种，其中大部分是昆虫。

蝽

昆虫

昆虫是节肢动物门中最大的一纲，它们的足迹遍布全世界的水、陆、空各种环境。昆虫通常有3对足和2对翅，体表有坚硬的外骨骼，以保护它们柔软的体内器官。

螳螂

昆虫的发育

昆虫有雌雄之分，甚至雌雄个体的形状和大小也有些不一样。从卵发育成个体，会经历不同的形态变化。有些是从幼虫到成虫，需要经历3个步骤的变化，属于不完全变态，比如蝗虫；而有些则需要经历4个步骤的变化，是完全变态，比如蝴蝶。

长颈象鼻虫

行走姿势大不同

叩头虫
（当身体被压住的时候，叩头虫的头和胸会做叩头动作）

屈曲行走的毛毛虫

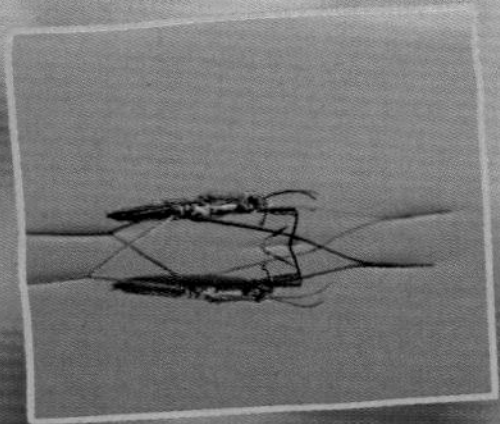
水上行走的水黾

跳蛛，身体稍微扁平，步足强壮有力，十分擅长跳跃。

蜘蛛

蜘蛛有4对足，身体呈圆形或卵圆形，分为头胸部和腹部，中间有很细的腹柄相连。蜘蛛长有须肢，雄蜘蛛的须肢上还长有一个精囊。它们的肛门尖端突起，能分泌黏液，一遇空气即可凝结成细蛛丝。在屋檐下或草木中，蜘蛛常结出一个辐射状的网，等待各种自投罗网的昆虫。

外骨骼

节肢动物的体表附有壳一样的外骨骼。当它们蜕皮时，外骨骼也要脱落。蜕皮后的节肢动物自身还会形成新的外骨骼。外骨骼的作用与脊椎动物体内的骨骼类似，可与肌肉共同完成各种运动。

爱换新装

节肢动物的外皮不会随着身体的长大而长大，所以，为了更好地成长，它们必须顽强地冲破旧“衣服”的束缚，即产生蜕皮现象。在长成成虫之前，它们要换掉几套“衣服”。蜕皮时是它们最脆弱的时候。

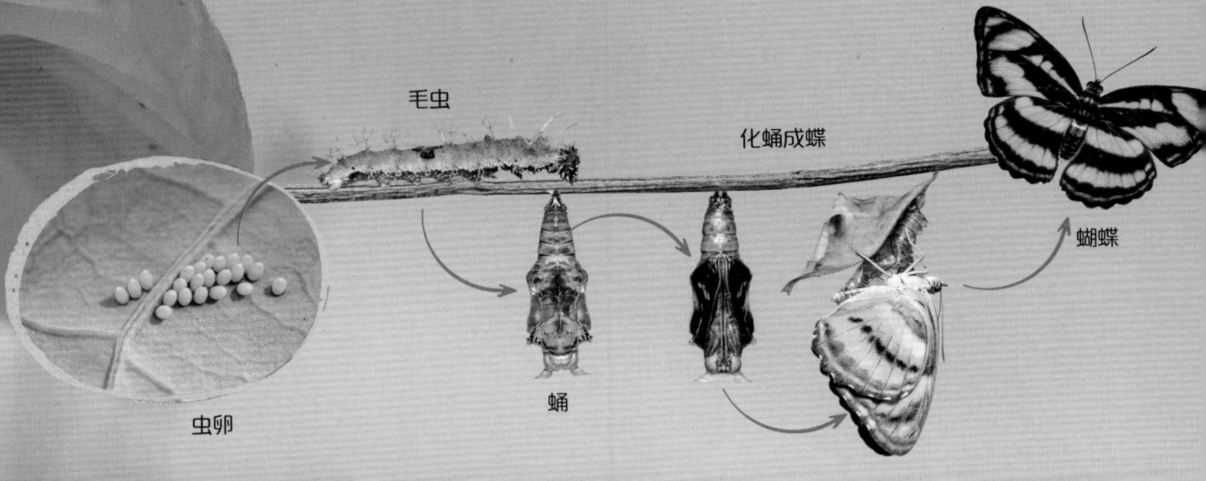
毛虫
化蛹成蝶
蝴蝶
蛹
虫卵

像植物的腔肠动物 Coelenterate

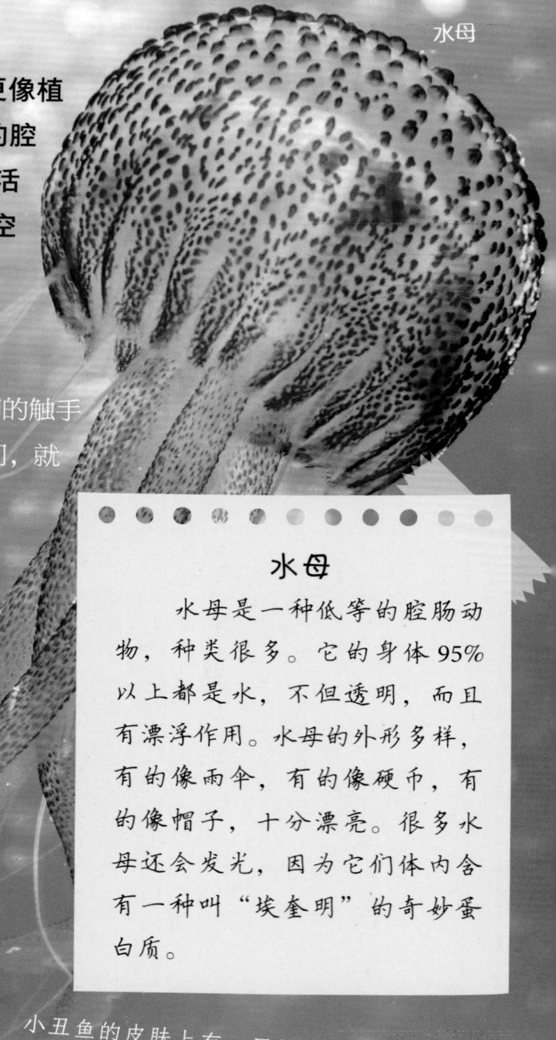
水母

腔肠动物长得非常奇特，它们虽然是动物，但看起来更像植物——海葵像盛开的花朵，水螅像柔软的柳条……全世界的腔肠动物大都分布在温暖的浅海中，只有水螅等少数种类生活在淡水里。虽然它们长相各异，但都是由两层细胞形成的空腔，一端封闭，另一端是有触手的口。

有毒的口袋

别看腔肠动物长得漂亮，它们可都是“狠角色”——它们的触手上有毒！这些毒素能麻醉猎物。腔肠动物只有一个口而没有肛门，就像一个口袋，食物从口中进入体内消化，残渣仍然从口中排出。

水母

水母是一种低等的腔肠动物，种类很多。它的身体95%以上都是水，不但透明，而且有漂浮作用。水母的外形多样，有的像雨伞，有的像硬币，有的像帽子，十分漂亮。很多水母还会发光，因为它们体内含有一种叫“埃奎明”的奇妙蛋白质。

珊瑚

珊瑚是珊瑚虫分泌出的物质构成的外壳。珊瑚虫是一种海生圆筒状腔肠动物，在白色幼虫阶段便自动固定在先辈珊瑚的石灰质遗骨堆上。珊瑚不仅形态像树枝，上面有纵向的条纹，而且颜色鲜艳美丽。

珊瑚

海葵

海葵属于珊瑚纲。地球上的大部分海域都有海葵的种群。海葵在构造上很简单，口部和消化腔相通，消化腔从外观上看是身体的主要部分，在口部上方则环绕着一圈触手。海葵以海洋中的小动物为食，触手上的毒刺碰到猎物后射出毒液，然后用触手把猎物拖进消化腔内慢慢享用。

固着在岩石上的海葵

小丑鱼的皮肤上有一层特殊的黏膜，可以防止海葵的毒刺伤害它。

软萌萌的软体动物 Mollusca

软体动物的栖息地非常广阔，从热带大陆到南北极的海洋，从海拔7000米以上的高地池塘到800多米以下的深海，都是它们的乐园。软体动物种类繁多，仅次于节肢动物——现存种类超过10万种。它们的形态差别很大，但都具有柔软的身体。它们大多数生活在海洋中，只有部分双壳类和腹足类迁移到半咸水和淡水中栖息。

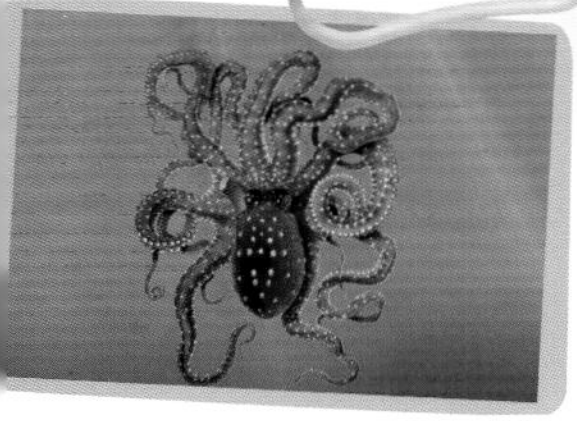

章鱼

身体结构

软体动物由3个主体部分组成：中间主体被称为内脏囊，被石灰质的贝壳覆盖；头部是从内脏隆起伸出的部分，能够感觉和进食；肉足是与运动相关的部分。

外壳
眼
腹足
触角

原来它们是棘皮动物 Echinoderm

海百合

棘皮动物分布在温带、亚热带和热带海洋中。它们或是固定在海床上，或是在海底漂游着生活。现存的棘皮动物大约有7000种，其中包括常见的海星、海胆、海参等动物。棘皮动物幼年时身体两侧对称，成年后变成辐射对称。

突出来的骨片

棘皮动物的内骨骼由一些钙化的小骨片组成。这些骨片或长成关节，如海星、海百合；或管足壁内生有极细小的骨片，如海胆；或散布在体壁中，如海参。小骨片常常突出体表，形成粗糙的棘。

海胆

刺参的表皮上布满棘状突起

海星

奇异的骨骼 Skeleton

动物的骨骼不仅可以支撑躯体和保护体内的软组织，还是动物储藏矿物质的仓库。大部分动物的骨骼主要由硬骨构成，但软骨鱼的骨骼则由软骨组成。还有一些动物，如蠕虫的身体由一种叫作流体静力骨骼来支撑。而各种龟不仅有骨骼，还有背甲和腹甲。

啄木鸟

防震装置

啄木鸟的头部有着特殊的防震装置。头颅异常坚硬，骨质疏松且充满气体。颅壳内长着一层坚韧的外脑膜，脑膜与脑髓间存在着空隙。此外，头部两侧有强有力的肌肉系统。这些都能减弱震波的传导，因此它们的头部能承受强烈的震荡。

树懒

不同的颈椎数

树懒是一种奇特的动物。树懒头骨短而高，鼻和吻显著缩短，颧弓强但不完全。有趣的是，树懒的颈椎数是不同的，二趾树懒为6～7个，三趾树懒是9个。甚至同种的树懒，不同的个体之间，颈椎数也有所不同。

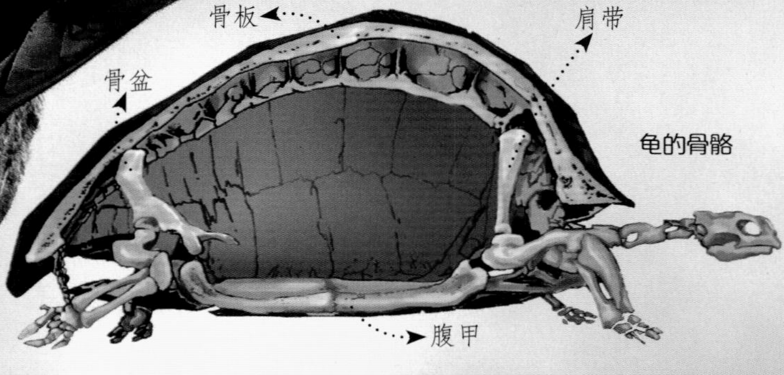
骨板
肩带
骨盆
腹甲

龟的骨骼

保护壳

一般动物的骨骼是由肌肉包裹的，但有些动物的骨骼却暴露在身体表面。龟的椎骨连同肋骨与背甲相互愈合，胸骨和锁骨参与腹甲的组织，从而形成一个包裹在身体外边、坚硬无比的保护壳，这在脊椎动物中是绝无仅有的。

长脖子

脖子长是长颈鹿的突出特征。长颈鹿的脖子虽长，但与其他哺乳动物一样，都有7块颈椎骨，不同的是长颈鹿的每块颈椎骨都很大、很长。

肥尾蝎是毒性极强的蝎子。

长颈鹿
长长的脖子
全身覆盖着网状花纹
修长的腿

可伸可缩

蝎子的整个躯体由14个环节组成，各个环节都由背板和腹面构成。节与节之间由节间膜连接，可以自由伸缩。

柔韧的身体

眼镜蛇的脊柱上有近400块骨头。骨头之间的关节疏松，所以身体可以向任意方向弯曲扭动。弯曲的肋骨和脊柱相连，这样可以保护蛇的内脏器官，并支撑它们有鳞的身体。

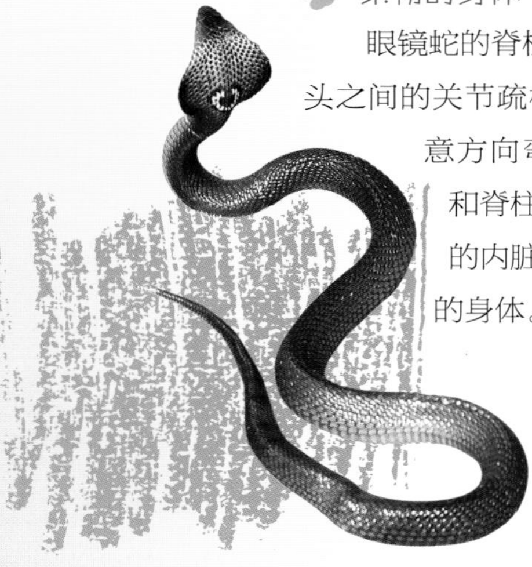

眼镜蛇

蜥蜴的断尾行为

有些蜥蜴的尾椎中部有一个能引起断尾的自残部位，这是尾椎骨未曾愈合的特化结构。一旦遇到敌害，蜥蜴便断掉尾巴逃生。不久以后，尾部可以再生出新的尾巴。

精致的器官 Organ

器官是动物身体的组成部分，每个器官都有它特殊的功能。多数动物体的器官种类大致相同，其中最大的器官是它们的皮肤。器官的大小、形状和结构直接与动物的生活有关。器官在身体的位置因动物的种类不同而不同。

东察西探

蝴蝶的触角长在头的中部上方，当它们活动的时候，这两根触角总是不停地摆动着，东察西探，像是寻找猎物的雷达。

蝴蝶

开阔的视野

蜻蜓头部的大部分都被一对大大的复眼占据了。每个复眼都由许多小眼组成，数量从 3 万到 10 万个不等。每个小眼都像一架小型照相机。它们能看到 6 米以内的东西。整个复眼为球形，弧形的表面使蜻蜓的视野非常开阔。

蜻蜓的复眼

蚱蜢是蝗虫的一种。

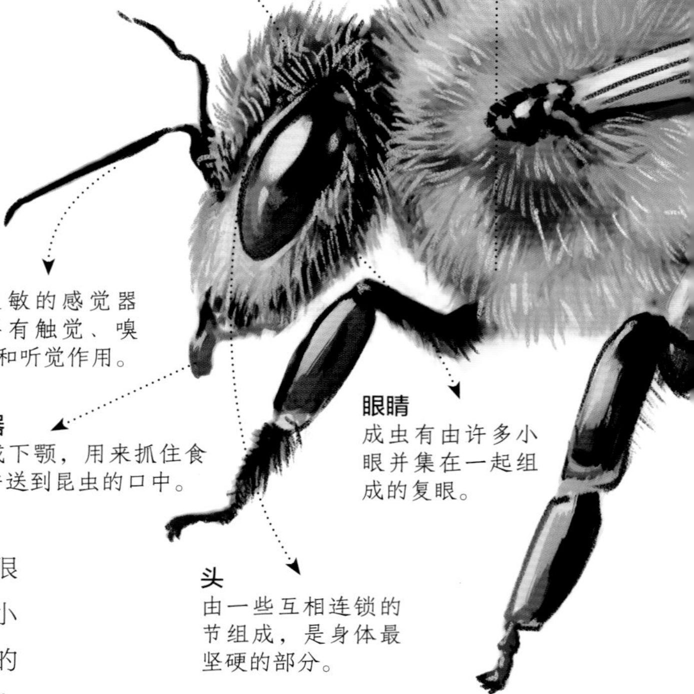
单眼
3只简单的眼睛或称作单眼，用来感知周围光的强度。
胸部
长有翅和足，并有发达的肌肉。
触角
触角是灵敏的感觉器官，主要有触觉、嗅觉、味觉和听觉作用。
口器
颚或下颚，用来抓住食物并送到昆虫的口中。
眼睛
成虫有由许多小眼并集在一起组成的复眼。
头
由一些互相连锁的节组成，是身体最坚硬的部分。

开了个小圆孔

变色龙的眼睛结构十分特殊，眼大而突出，眼睑很厚，上下眼睑合为环状，仅中央瞳孔处有一小圆孔，两只能旋转 180° 的眼球，可以各自独立转动。

变色龙

修长的蝗虫

蝗虫的身体分 3 个部分：头部、胸部、腹部。它们多数腹部很长，身体由坚硬的外骨骼保护着。蝗虫大多是跳高能手，它们一次弹跳能达到 1 米高，相当于它们体长的几十倍。

又大又平的尾巴

河狸有一条奇特的大尾巴，宽大扁平，像把铲子，上面覆盖着大块角质鳞片，鳞片间有少许短毛，使得这条尾巴看上去就像有人给安上的假尾巴。

皮毛浓密，是有效的防寒工具。
尾巴有筋腱和脂肪组织，能够储存能量。
后肢比前肢长，趾间有蹼连着。
河狸

腹部
比头部或胸部更易弯曲。当进食时，腹部会鼓起。
翅
昆虫的翅由翅脉支撑。不同的昆虫，翅脉的样式也不同。
足爪
昆虫足上的爪、爪垫和吸盘使它得以攀附光滑的表面或捕捉食物。
腿足
有些昆虫的3对足长短不一，但都与胸部相连。

多装些鱼

鹈鹕一口可以吞进 10 多升的水和大量的鱼，然后将大嘴合拢，使嘴里的水顺着嘴边滤出，鱼就暂时贮存在喉囊里了。

鹈鹕

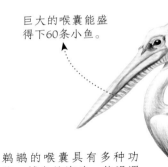

巨大的喉囊能盛得下60条小鱼。
鹈鹕的喉囊具有多种功能：捕鱼的海斗、体温调节器、筑巢材料袋。

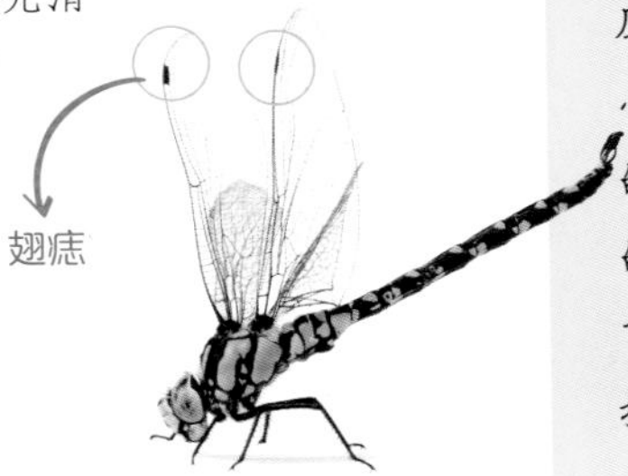
翅痣

消震器

蜻蜓翅膀的前缘有角质加厚形成的翅痣。可别小看了这小小的翅痣，它们是蜻蜓飞行的消震器，能消除飞行时翅膀的震颤，如果去掉它们，蜻蜓飞起来就会像喝醉了酒一样摇摇摆摆，飘忽不定。

2 敏锐的感觉 Sense

为了生存，动物必须时刻对外界保持警觉，因此它们都有自己敏锐的感觉器官——视觉、听觉、触觉、味觉和嗅觉器官。它们用不同的感觉器官来确定自己所在的位置，决定去向，确定食物的所在，以及判断什么动物会攻击它们等。

野猪

灵敏的嗅觉

野猪的嗅觉特别灵敏，能够分辨食物的成熟程度，甚至可以搜寻出埋于2米厚的积雪之下的一颗核桃。雄野猪还能凭嗅觉来确定雌野猪所在的位置。野猪群体间也可以通过传递嗅觉信息进行交流。

海参

预知天气

风起浪涌，会把附着无力的海参卷入危险境地。于是，海参练就了能预知天气的本领。当风暴即将来临之际，它们就躲到石缝藏起来。

虎的视觉非常发达，一双又大又圆的眼睛无论白天还是黑夜都具有很好的视力。

东北虎

夜间视力

虎有着圆形的瞳孔和黄色的角膜（除了白虎为蓝色眼睛）。虎的视网膜后方有一种叫作“视毯”的特殊膜层，可通过反射入射光而增强对视网膜的刺激，从而提高夜视力。虎的夜间视力特别好，是人类的6倍。

特殊的声源

响尾蛇摇动尾巴，发出咯咯响的警告声，警告侵略者离远点儿。这个发声器官是由连在一起的松散中空的鳞片构成的。响尾蛇每年要蜕三四次皮，尾端鳞片就是每次蜕皮后的遗留物。

特殊的传感器帮助响尾蛇感知附近动物身体的热量。

响尾蛇

颊窝

响尾蛇的头上有两个很特别的颊窝，可以捕捉到猎物释放出的热量。这使得响尾蛇即使在黑暗中也能准确地知道猎物所在的位置。

金雕

敏锐的眼睛

金雕眼睛的视网膜上有众多的感光细胞，这使得它们在数百米之外就能精准地确定猎物的位置，而人要依赖放大6倍的双筒望远镜才能看到。

利于飞翔的宽大的翅膀
敏锐的眼睛
锐利的爪子

金雕

动物会“说话” Talk

群体中的不同动物个体之间关系非常密切，随时需要交流信息。俗话说“人有人言，兽有兽语”，难道动物也会说话吗？其实动物的“语言”是很丰富的。动物的活动、声音和气味等都能够起到传递信息的作用，都是动物的“语言”。

狐狸

以声传意

大象会用声音表达自己的情绪，例如不满时的哼哼声，满意时的咕噜声，还有怒吼、呼啸声和喇叭声等。此外，大象还能发出人类无法听到的低频声音——隆隆声，这种声音能传到很远的地方，用来与走失的同伴保持联系。

狐臭

狐狸体内能分泌一种令其他动物窒息的臭味。它们用这种气味来标记领地，还可以通过对方留下来的气味识别对方的性别、地位等级和确切的位置。而且这种气味还是逃命的秘密武器。

用声音交流

黑猩猩在各种不同的情况下会发出频率不同的“呼呼”的声音，并伴有急促的喘息声。这些声音可以是高的，也可以是低的。在进食、捋毛及成群的黑猩猩和睦友好地彼此挨近时，它们都会用这种声音来交流。

嗷~
嗷~

当哨兵的山雀

当啄木鸟在树干上啄树寻虫时，山雀常常跟随在后面，一边啄食啄木鸟遗漏的“饭菜”，一边鸣叫歌唱，为啄木鸟站岗放哨。一旦有敌情，山雀便停止歌唱，此时啄木鸟会马上躲起来。

山雀
大斑啄木鸟

狼的语言

在狼群中，厮咬颈项表示互相尊敬，皱鼻表示特级警报，高低、长短不同的嗥叫则表示不同的联络信号。狼还用嗥叫向同伴说明自己的位置。很多狼聚在一起嗥叫，可以显示集体的威力。

非洲象

超长的翅膀
红隼

天生的运动健将 Athlete

动物需要通过运动来捕食、结交伙伴，或逃脱追击者。不同的动物具有不同的运动方式。有的动物靠腿跳跃或奔跑，有的动物靠鳍在水中游动或靠翅膀在天空中飞行。有的动物没腿脚也能在陆地上移动，还有的浮游动物借助环境来移动。

悬飞

虽然很多鸟类都能以悬飞的方式停留在空中，但这种不断振翅的飞行很费力，所以鸟类很少能持久悬飞。但红隼却是个例外，它能悬在空中搜寻猎物。

蜂鸟悬飞时，翅膀高频振动。

猎豹

超速奔跑

猎豹的脊椎具有超常的伸缩性，前爪着地时后身也可以向前冲，当全速奔跑时身体可完全伸开，四脚离地。它的爪子在快速奔跑时可以紧抓地面，有利于前进。猎豹超速奔跑的时速可达120千米。

两肢一起移动

树蛙和所有的两栖动物一样，从一边到另一边，摆动身体行进，身体同一侧的前后肢一起移动。树蛙的足趾有吸盘，这使它在树上或光滑的叶子表面爬行时，能够紧紧抓住树干或树叶。

毛毛虫的蠕动

许多毛毛虫除了身体前部有正常的3对足外，腹部还有5对腹足，腹足上有吸盘。毛毛虫一次移动一对足，把体重平均分布在其他足上，这样可以使它们平稳地越过障碍物。

树蛙

毛毛虫

Chapter 2

高强的本领

动物界的好朋友 Friend

自然界中生物之间的关系总是很神奇，比如，两种完全不同的动物，互相之间看不出有什么利害关系，却能生活在一起。人类把这种友谊关系叫作共栖。在自然界，找寻食物同时又要避免自身被其他动物捕食是生存的重要本领。因此有不少动物与其他动物共栖，并彼此得到益处。

抹香鲸

随鲸遨游

在抹香鲸的身边常游着各种各样的小鱼，这些小鱼既能不费力气地随着抹香鲸在海洋中游荡，又可以从抹香鲸的身上找到食物——寄生虫和长在抹香鲸身体表面的植物。这种行为也为抹香鲸减轻了被叮咬之苦。

鱼医生

鱼类和人类有某些共同之处，它们也经常遭到微生物和寄生虫的侵害，也会生病。裂唇鱼是个“鱼医生”，常到石斑鱼嘴里去吃寄生虫。这样，不但石斑鱼免除了病痛，而且裂唇鱼也得到了美味佳肴。这可真称得上是“互惠互利”。

“鱼医生”

裂唇鱼在帮石斑鱼处理寄生虫。

友好相处

别看鳄鱼很凶猛，它对燕千鸟却很友好。燕千鸟不但在鳄鱼身上找小虫吃，还能进入鳄鱼的口腔里吃东西。这可不是鳄鱼热心肠，而是因为它的口腔和牙齿需要清理，有了燕千鸟的帮忙，鳄鱼的口腔和牙齿得到了护理，而燕千鸟也能填饱肚子。

鳄鱼和燕千鸟

有益的伙伴

长着大尖角的犀牛给人一种不好惹的感觉，但是，总有一些小鸟停在它们的身上。这些小鸟叫牛椋鸟，它们可不怕犀牛，反而经常用锋利的爪子在犀牛的身上疾走，啄食扁虱和其他寄生虫。而犀牛也很乐意它们这样做，并且把这当成一种享受。

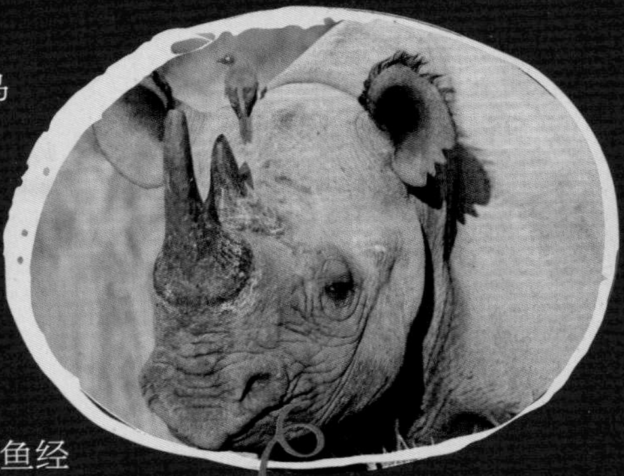

犀牛和牛椋鸟

形影不离

在鲨鱼的身旁总会有一些和它们形影不离的小鱼——向导鱼。鲨鱼经常会把一些食物“赏赐”给向导鱼食用。遇到危险时，大鲨鱼的嘴就是向导鱼的避难所。作为回报，向导鱼也帮助大鲨鱼清洁皮肤，除去它们身上的一些脏物。

好朋友

海葵和花纹斑斓的小丑鱼交上了朋友。小丑鱼因为身上有特殊黏膜，所以它并不怕海葵的毒触手，当它遭到攻击时，还会跑到海葵触手丛中躲避。小丑鱼还常招引其他虾和小鱼来海葵周围活动，为海葵带来食物。

海葵和小丑鱼

天才建筑师
Architect

看到那么多人类建筑奇观，你会禁不住感叹人类的伟大和智慧。但是，你也许不知道，动物界也有很多了不起的“建筑师”，很多人类的建筑思想，还是从动物高明的筑巢方法中获得的灵感呢！自然界充满了无限神奇，许多动物的筑巢本领可以称得上巧夺天工，它们能用或简单或复杂的材料，建造出一座座令人叹为观止的“辉煌宫殿”。

正在编织巢穴的织布鸟

精美的巢

织布鸟可以利用灵巧的喙和爪，用柳树纤维、草片编织出精美的巢穴。雄织布鸟负责筑巢。首先，它们用草根和细长的棕榈叶织成一个圈，再不断添加材料，直到织成一个空心球体，最后再加上一个入口，它们的巢就算建成了。巢的入口在底部，这样既可以遮阳、避雨，又可以预防树蛇。织布鸟还会找来一些小石子放在巢内，防止巢被大风刮翻。

风格各异的巢穴

洞穴
（兔子、老鼠等动物的家）

树洞
（啄木鸟的家）

蜂巢
（蜜蜂的家）

六角形的屋子

蜂巢最具特色的地方在于蜂室，许多蜂室连在一起形成蜂房，每个蜂室都呈六角形。蜂室都是由工蜂体内分泌出的蜡制成的。

钻木筑巢

啄木鸟非常适合在树枝和树干上生活，它们运用与生俱来的钻木技术来建筑巢穴。首先，它们用尖嘴在树干上开出一条通道，然后向下啄出一个洞。在温暖而舒适的巢穴里，雏鸟可以躲避天敌和恶劣的天气，非常安全。

咚咚~

咚~

啄木鸟

洞穴迷宫

穴兔把它们的窝建成纵横交错的地道，有不同的入口和出口，就像一座迷宫。它们常在离洞穴入口很近的地方觅食或嬉戏。这样，一旦有捕食者接近，它们就可以迅速钻进洞穴，躲避危险。成语“狡兔三窟”就是这么来的。

花鼠

储粮坑

花鼠很有先见之明，它们会把多余的食物储存起来。为了存放食物，它们还在巢中建造“仓库”。花鼠常在林区倒木、树根基部、深沟塄（léng）壁的裂缝、石缝等处做洞，深约1米，“仓库”与“卧室”合二为一——下部储粮，上部供休息之用。

水上堤坝

河狸是动物界的伟大建筑师。当它们移居到一条新的河流时，所做的第一件事就是修筑一条水坝。水坝截住水流形成池塘，它们就将巢穴建在池塘中央。河狸的巢一半落在水中，一半架在水上。水下是出入的通道，水上是“卧室”和“餐厅”。房顶是土丘似的密封圆顶，上面只留一个出气孔。冬季到来的时候，这里温暖又安全。

“水上工程师”河狸

鸟巢

鸟类是建筑巢穴的能工巧匠，它们的巢大都非常精巧。多数鸟将巢单独筑在一个地方，少数将巢筑在一起，形成鸟的“村庄”。有些小鸟还常常将巢建在大鸟巢的缝隙间。一个好的鸟巢，就是一个温暖的家，可以遮风避雨，躲避敌人，繁殖雏鸟。

为了保护自己、躲避敌害，或是为了便于捕猎，许多动物都进化出了高超的伪装本领，如保护色、拟态和警戒色，都是动物们伪装自己的好方法。有一些动物靠调整自己的体色或改变自己的体态与环境或背景融为一体，隐藏自己。还有一些动物具有毒刺、毒腺，放出恶臭或通过鲜艳的色彩和斑纹来发出警告，从而有效地保护自己。

活的“伪装衣”

装饰蟹的伪装手段极为高明。它们捡来一些海草和像海绵那样小的海洋动物，放在自己的身体和足上。它们会让这些活着的“伪装衣”在自己身上长大，并布满全身，这样装饰蟹就可以从捕猎者的眼皮底下溜走。

“伪装大师”变色龙

变色龙有一种神奇的天赋，它的肤色会随着环境、温度、心情的变化而改变。当遇到天敌或者猎物时，它便会随意变换皮肤的颜色，以躲避敌人，捕捉猎物。

眼睛可以180°旋转，而且两只眼睛可以看向不同的方向。
变色龙
会变色的皮肤

来找我啊！

跟竹节一样

竹节虫以拟态著称。当它们静静地栖息在树上时，就像是竹枝或树枝。它们还能够慢慢地把身体颜色调整到与四周环境一致的程度，甚至它们的卵也跟植物的种子相似。所以，要想在树丛中发现竹节虫，可真不是一件容易的事情。

枯叶蝶的翅脉和叶脉极其相似。

伪眼
真眼睛
蝴蝶鱼

模仿叶子

要把枯叶蝶从它们栖息的叶子当中辨认出来是很困难的。因为它们看上去就是一片枯叶，有叶脉状的翅脉，翅膀上的斑点就像枯叶上的菌类斑点。

假眼睛

许多种类的蝴蝶鱼在尾柄处或背鳍后有一个非常显眼的黑色斑点——伪眼，和头部的眼睛对称，宛如鱼眼，能以假乱真。而它们真正的眼睛却隐藏在头部黑色条纹当中。大大的伪眼能起到蒙蔽天敌的作用，以吓退对方。

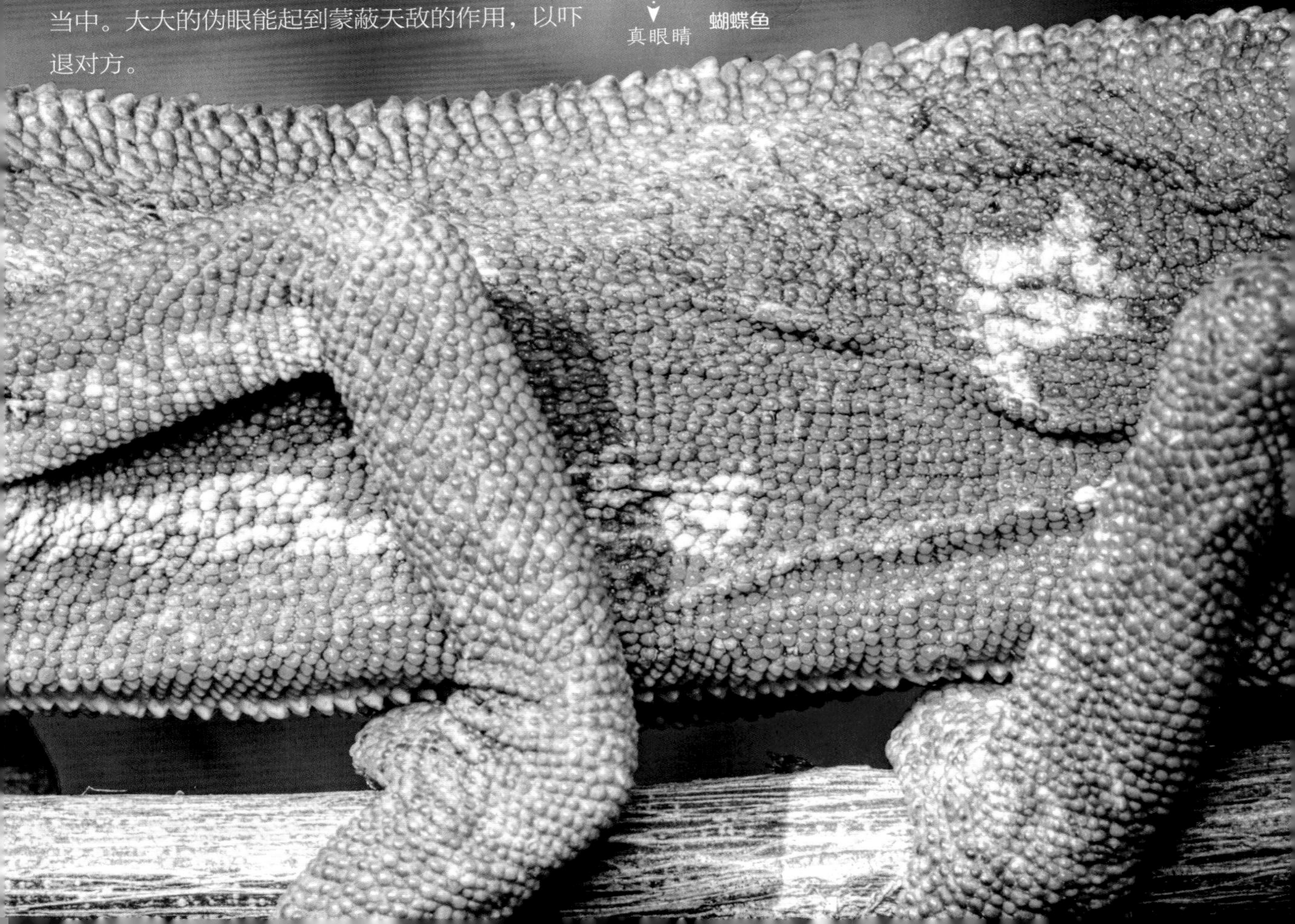

动物有“毒” Poison

在自然界里，动物和人类经常发生矛盾和冲突，有时是人类猎杀动物，有时是动物伤害人类。并不是所有的动物都像老虎、鳄鱼那样，一看就知道是凶猛的肉食动物。恰恰相反，许多致命的动物往往看起来一点儿也不吓人。另外，有剧毒的动物也不都是庞然大物。世界上最毒的动物，往往是那些看着不起眼的小型动物。

含剧毒的尾针
帝王蝎

蜈蚣

蜈蚣的第一对足呈锐利的钩状，钩尖有毒腺口，能排出毒汁。蜈蚣咬住猎物后，它的毒腺能分泌出大量毒液，顺着腭牙的毒腺口注入猎物的身体。

危险的“花朵”

不要被海葵美丽动人的外表给骗了，它们可是有毒的动物。它们那像花瓣一样的触手里有刺细胞，一旦遇到猎物，触手上的刺细胞就会将毒液注入猎物体内，这样猎物很快就会被制服。

海葵

有剧毒的金黄色舌头

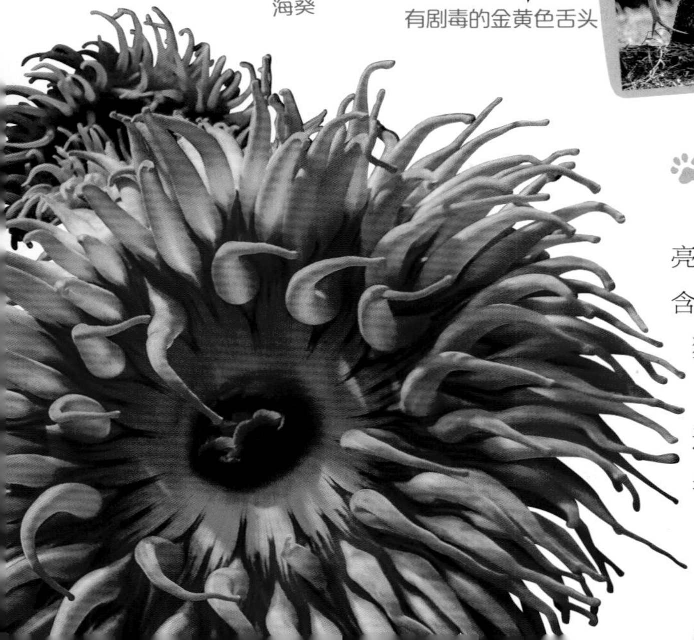

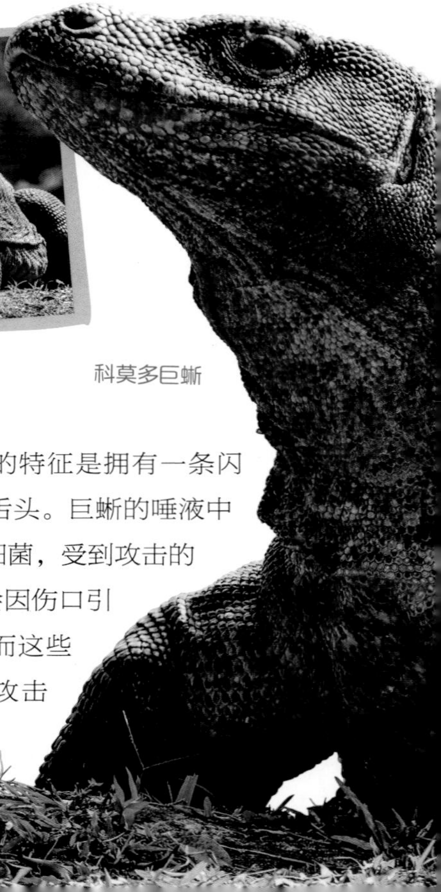
科莫多巨蜥

巨蜥的唾液

科莫多巨蜥突出的特征是拥有一条闪亮且有剧毒的金黄色舌头。巨蜥的唾液中含有多种高浓度毒性细菌，受到攻击的猎物即使逃脱，也会因伤口引发的败血症而死。而这些逃脱的猎物就成了攻击者送给其他巨蜥的“礼物”。

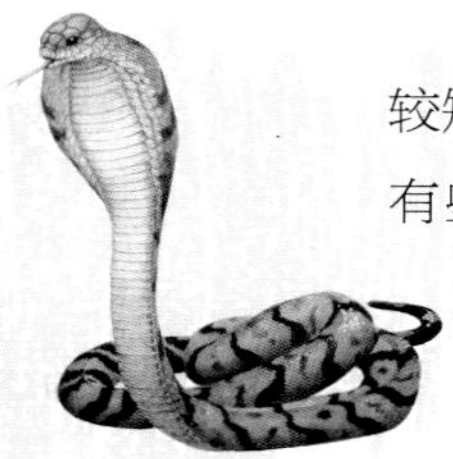
眼镜蛇

喷射毒液

眼镜蛇的毒牙在上颌骨前端，是前沟型毒牙。这些毒牙比较短。眼镜蛇攻击动物时可以通过毒牙把毒液注入动物体内。有些眼镜蛇还能喷射毒液，这些毒液如果射入动物的眼中，可能导致失明。眼镜蛇的毒液主要是通过侵袭动物的神经系统来置它们于死地的。

分叉的舌头可以帮助蛇更准确地判断猎物的位置。

五彩缤纷的箭毒蛙

最毒的蛙

箭毒蛙色彩鲜艳，四肢布满鳞纹。

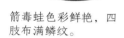

箭毒蛙可以列入世界上毒性较强的动物名单之中。如果你仔细看一下它们美丽的皮肤，就会发现上面有很多能分泌毒液的小孔。它们的毒液能使人在短时间内发生肌肉收缩，导致心肌梗死。

两颗毒牙

狼蛛

狼蛛的下腹部呈黑色，腿上有灰色和白色的斑点。狼蛛的毒在它们的两颗毒牙上。据说，狼蛛的一刺能使人痉挛而疯狂地跳舞，这可能是它们的毒刺激了人的神经系统。雌狼蛛十分奇特，在交配完成后，它们常常会把雄狼蛛作为美餐吃掉。

响尾蛇

控制毒液量

响尾蛇能极好地控制它们的毒液量，猎物越大，它们向猎物体内注射的毒液剂量也越大。一般情况下，响尾蛇会保存一定量的毒液，只有在它们真正感到威胁时，才会将毒液全部射出。

谁是捕猎高手 Hunting

狐狸

食物是动物生存的基础。动物的食物很广泛，包括植物、各种其他动物和一些动物尸体等。植食动物主要吃各种植物，而对肉食动物来说，要获得食物，就必须具备各种捕猎技巧。

狐狸采用搜寻的方法捕猎。

你是逃不掉的!

隐藏的猎手

狐狸是夜间捕食的高手。首先它用它的大耳朵判断猎物的位置，然后悄悄地靠近猎物，一跃而起，扑到猎物的身上。毫无防备的啮齿类动物还没反应过来，就逃不掉了。

“祈祷”的螳螂

螳螂伏在一处，静静等待猎物飞到自己的捕猎范围。螳螂的前臂是用来捕食和进攻的，上面布满了用来捕捉昆虫的齿状物。在捕猎时，它们常常举起前臂，就像是在“祈祷”。

螳螂

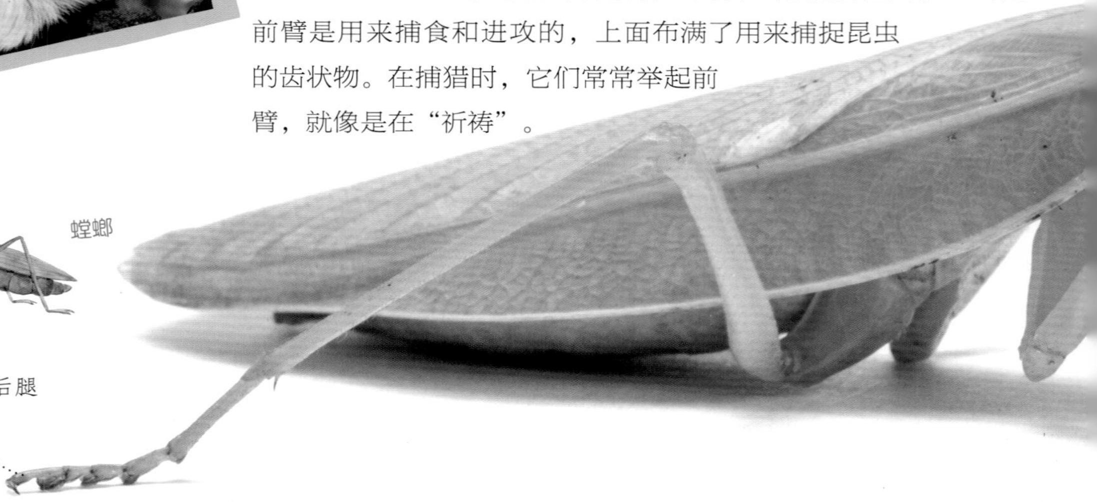
细长的后腿

等待猎物的变色龙

捕虫高手

变色龙是动物界有名的捕虫高手，当飞虫出现在它们的视野里时，它们会将有黏性的舌头闪电般地伸出去，粘住飞虫并迅速送进嘴里。

美洲狮的爪子有锋利的趾甲。

闪电式的进攻

美洲狮是真正的潜伏捕猎者。在夜间，它们静静地搜索并注意周围的声响。一旦发现猎物，它们便停住不动，先判断猎物的远近和成功的可能性，然后它们再悄悄地靠近，距猎物几米远时，突然发动闪电式的攻击，将猎物擒获。

美洲狮跳跃能力非常强，能轻松跳6～12米远。

大眼睛
前臂有齿状物，用来捕食猎物。

章鱼触腕上布满了双排吸盘。

吸盘里的猎物

章鱼一般在日落或黎明时捕猎。一看见猎物，它们马上抬头正视，然后变色，缓缓逼近，最后猛地扑向猎物。它们还利用腕间膜同时捕捉数只螃蟹，然后把它们集中在一起，带回自己的地盘享用。

白琵鹭

触摸觅食

白琵鹭觅食不是靠视觉和嗅觉，而是靠触觉。它们用小铲子一样的喙在水里扫荡，捕捉鱼、虾、蟹、软体动物、水生昆虫等各种生物。一旦它们捕捉到食物后，便把喙提出水面，将食物吞吃掉。

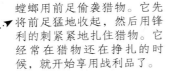

螳螂用前足偷袭猎物。它先将前足猛地收起，然后用锋利的刺紧紧地扎住猎物。它经常在猎物还在挣扎的时候，就开始享用战利品了。

自我防卫 Defence

对大多数动物来说，危险是无时不在的，它们往往会在天敌发动的突然袭击中成为美餐。一般来说，动物在遇到危险时第一反应是逃跑，但逃跑有时并不见效。因此很多动物为了保护自己，练就了各种各样的防御本领。

豪猪

臭鼬

以刺攻击

当豪猪受到威胁时，会竖起身上的刺，并大声嚎叫、跺脚，向敌人示威。如果敌人还不撤退，它们会倒退着冲向敌人，把刺扎进敌人的身体。

放臭气

当臭鼬遇到敌人时，能从尾下肛门旁的腺体里释放出一股非常难闻的臭气，这种气体可以有效地击退敌人。如果进攻者还是坚持不退却，臭鼬就会将这种分泌液喷射到对方的眼睛里，使捕食者暂时失明。

装死

有的动物会使用一种聪明的逃生技能——装死。这种方法很有用，因为很多肉食性动物只捕食活的猎物，如果猎物不再运动，它们的捕食行为也会停止。很多蛇、负鼠都会用这种方法来逃生。

穿山甲全身布满瓦片一样的鳞甲。

犰狳

蜷成团

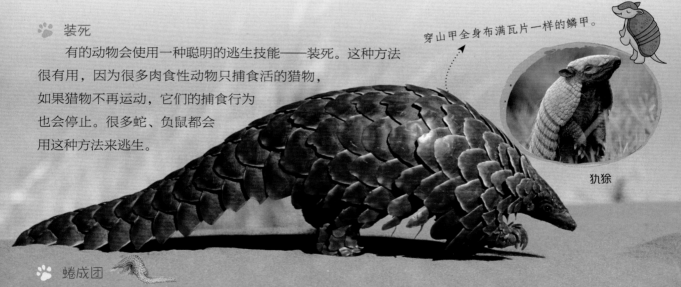

刺猬遇到敌害时会把身体蜷成一团，以身上的刺抵抗敌害。而穿山甲和犰狳（qiú yú ）在遇到敌害时，也会把身体蜷成团以保护头和腹部，用坚硬的鳞片对抗敌害。

Chapter 3

动物的一生

动物宝宝来啦！

Baby

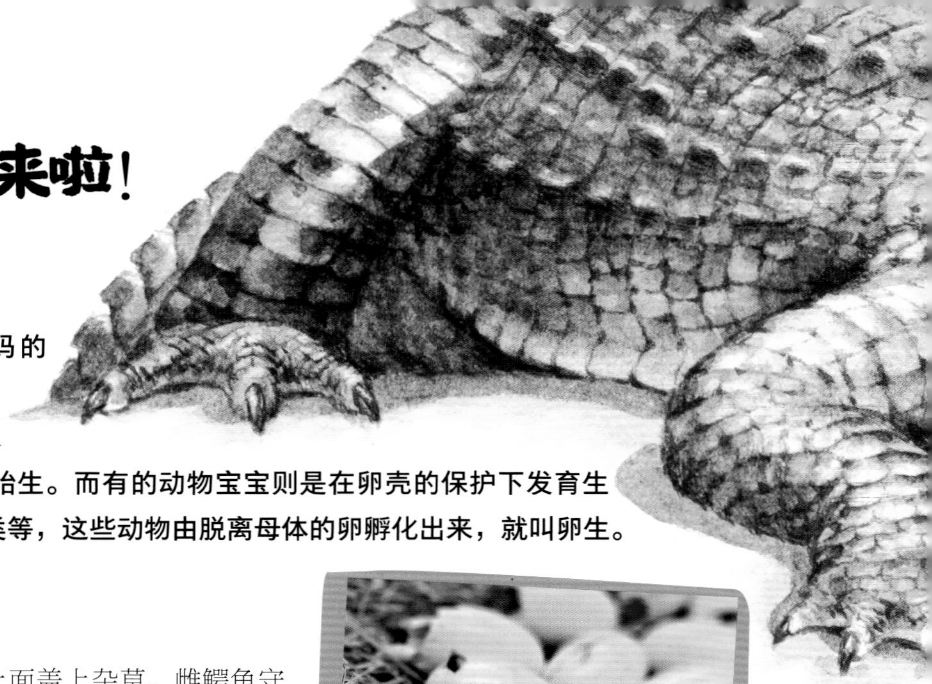

一些动物宝宝是在妈妈的子宫里发育到一定阶段后出生的，它们出生时和父母长得很像，只是很小，这叫作胎生。而有的动物宝宝则是在卵壳的保护下发育生长，比如鸟类、爬行类、鱼类等，这些动物由脱离母体的卵孵化出来，就叫卵生。

破壳而出

鳄鱼把蛋产在草丛中，上面盖上杂草，雌鳄鱼守护在一旁，借自然温度孵蛋。60天左右，小鳄鱼就孵化了。刚孵化的小鳄鱼面临重重危险。在野外，其他成年鳄鱼是小鳄鱼的主要敌人，不谙世事的小家伙很容易丧命。

小鳄鱼破壳而出。

袋鼠

提前出生

与其他哺乳动物不同的是，袋鼠宝宝在妈妈的子宫里只发育大约5周就出生了。刚出生的小袋鼠只有几厘米长，全身赤裸，没有毛，眼睛什么也看不见，样子一点儿都不像袋鼠。此后，它们还要在妈妈的育儿袋里继续发育长大。

一出生就会跑

雨季来临之际，就是雌角马生宝宝的时候。即将生产的雌角马在大草原上聚集成群。小角马在出生后5分钟左右就能站起来，当天便能跟得上迁徙的队伍。因为如果它们不能立刻学会站立、奔跑，就会被非洲狮、鬣狗等猛兽吃掉。

角马

鳄鱼

百兽之王小时候

幼虎在出生后的6个月内，一直依赖妈妈的乳汁生活。前两个星期，它们的眼睛一直是闭着的。遇到危险时，雌虎会用嘴把幼虎衔到安全的地方。

老虎

没有毛的幼崽

出生两天的仓鼠幼崽既看不见东西，也没有毛，不能自立。一旦遇到危险，它们的妈妈就会把它们放在颊囊中，以保护它们的安全。

有趣的新生儿

长颈鹿一出生就高近2米，是地球上最高的动物宝宝。

鸟刚出生时，眼睛不能睁开，毛湿漉漉的。

毛毛虫从卵里出来的第一餐是吃自己的卵壳。

爸爸的照顾

帝企鹅是由爸爸来完成孵化任务的。在南极的严冬里，帝企鹅爸爸把蛋放在双脚上，用肚子覆盖住，耐心地孵化。而帝企鹅妈妈需要长途跋涉，到很远的地方去觅食，大约到孵化期结束，才回来和帝企鹅爸爸交接。

帝企鹅

动物育儿法 Parenting

父母之爱并不仅仅存在于人类社会，动物界也同样存在着这样伟大的爱。小动物出生后，会得到父母无微不至的照顾，而且这种照顾往往会持续到它们长大能独立生活为止。但各种动物对后代的照顾方式是不同的。动物哺育后代的方法有两种，一种是哺乳，另一种是育雏。哺乳指动物产下幼崽后，用自己的乳汁哺育幼崽的生物现象；育雏指的是鸟类喂养幼鸟的生物现象。

喉囊可以自由伸缩，方便捕鱼。

鹈鹕

“狠心”的妈妈

虽说母爱是伟大的，但也有个别的妈妈对自己的宝宝很不负责任，雌蝙蝠蛾就是这样一位“狠心”的妈妈。秋天时，雌蝙蝠蛾在空中一边飞，一边产下数万枚卵。到处掉落的卵粒就地越冬，到第二年春天，幼虫才会孵化出来。

贮存食物

鹈鹕的嘴又大又尖，下颌有一个巨大的喉囊，可以兜捕和暂时贮存鱼类。在哺育小鹈鹕的时候，鹈鹕只要把大嘴一张，小鹈鹕就可以享用爸爸妈妈带回来的美味了。

抚育幼雏

鸟类抚育幼雏不都是由雌、雄鸟共同承担的。比如山雀，最初由雄鸟带回食物喂养幼雏，有时还要喂养正在孵蛋的雌鸟。捕食昆虫的鸟类，在喂食时大都由雌、雄鸟分别衔取食物，直接喂入雏鸟口中。捕食肉类的鸟，则把大块肉撕碎，然后喂养雏鸟。

蓝山雀正在给小山雀喂食。

刺猬

片刻不离

刺猬每年产一窝崽，通常每窝 3 ~ 6 只，多者达十几只。刺猬妈妈和幼崽片刻不离，即使外出活动时，也会把小刺猬带在身边。

刺猬妈妈和它的宝宝

黑猩猩

梳理毛发

猩猩每天有午休的习惯，醒来后，小猩猩在一旁嬉戏时，成年猩猩就开始进行它们最喜欢的消遣活动——梳理毛发。在梳理毛发的这段时间里，母亲和已经长大了的孩子聚在一起。对它们来说，梳理毛发是一个非常愉快的亲子互动行为。

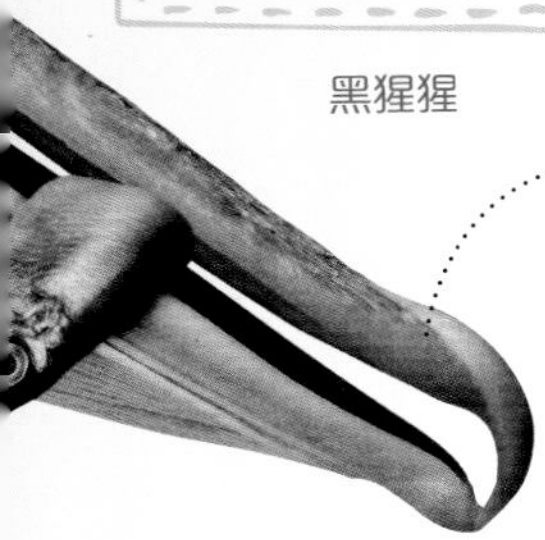

鹈鹕嘴长达三四十厘米，上嘴尖端向下弯曲，像一个钩子，下嘴分左右两支，中间有一个喉囊，能装下几十条小鱼。

黑猩猩和它的孩子

母子情深

黑猩猩母子之间的联系可以持续几年。幼小的黑猩猩总是待在母亲身边，因为它们只有依靠母亲才能有食物和安全的保障。小黑猩猩长到4岁时才敢冒险离开妈妈，成年后，它们也会时常去看望自己的母亲。

成长的过程 Growth

所有的动物都会经历从出生到长大的过程。从外形来看，有些动物从小到大没有变化，有些两栖动物或昆虫都要经历变态过程，长大后它们和父母的外形基本一样，比如青蛙和蝴蝶。动物出生后，大多需要父母的哺育和照顾，但两栖动物和昆虫出生后就独立生活了，只能自己照顾自己。

非洲狮和它的宝宝

变态发育

蚕蛾的发育要经历一个完全变态过程，即经过卵、幼虫、蛹、成虫 4 个形态完全不同的发育阶段。

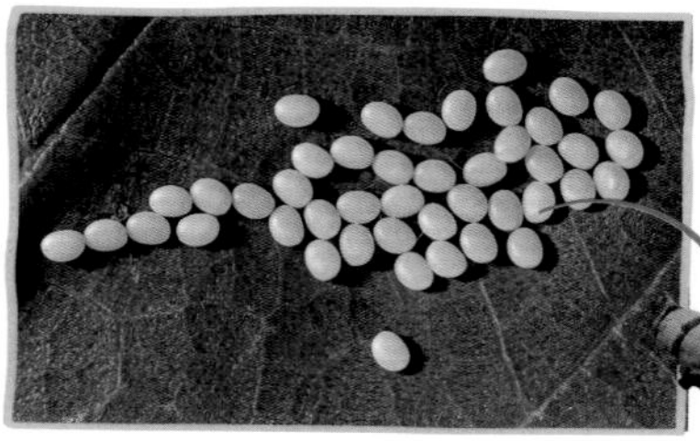
①雌蛾产下大量的受精卵后就自然死亡。

②蚕破壳而出，开始吃桑叶。经过几次蜕皮逐渐长大。

③蚕经过 4 次蜕皮后，停止进食，吐丝结茧，自己躲在茧里化成蛹。

④蛹羽化成蚕蛾，等翅膀硬了后就交配，开始繁殖后代。

从幼年到成年

刚出生的幼赤狐什么也看不见，要依靠母亲的保护和喂养。在成长过程中，它们的外形也在改变——耳朵、鼻子和腿都变长了。成年赤狐的身体强壮、身材修长，腿也很长。浓密的皮毛能使它们保持温暖，身上的颜色可以帮它们隐藏于林地。

刚出生的赤狐

2 个星期

4 个星期

6 个星期

奋力爬向大海的小海龟

爬回海洋

海龟生活在海洋里，但海龟妈妈把蛋产在沙滩上。小海龟们破壳而出之后，就需要自己爬回海洋，这是一个艰难而危险的过程。等回归到大海家园之后，小海龟们才渐渐长大努力生存。

生活在非洲的小黑猩猩

小黑猩猩

黑猩猩是人类的近亲，因此它们的宝宝也像人类婴儿一样，生下来就有着和爸爸妈妈相似的样子，只是个子比较小，模样也可爱得多。

区别对待

蜂巢中的雌性幼虫在最初几天都是用王浆（即蜂乳）喂养，但以后只有一只幼虫会一直用王浆喂养，它最终发育成蜂王，而工蜂幼虫则改用花蜜喂养。

当赤狐猛扑向猎物时，毛发浓密的长尾巴能帮助它们保持平衡。

8 个星期

10 个星期

成年赤狐

白鹭在梳理自己洁白如雪的羽毛。

求偶表演 Courtship

在动物界，为了获得爱情，动物要进行一系列求偶行为。它们的求偶行为方式多样，或是向异性炫耀自己的美丽，或是为异性跳优美的“舞蹈”，或是唱动听的“情歌”等。

白鹭在繁殖期到来的时候，枕部垂有两条细长的羽毛，背和胸部上方布满蓬松的蓑羽。

白鹭

展示羽毛

白鹭求偶别具一格，极具戏剧性。雄白鹭为求得雌白鹭的欢心，会频频展开头部、胸部、背部的如丝般的美丽长羽，围绕着雌白鹭跳跃旋转，不时地伸长脖子吻颈爱抚。

座头鲸的歌声

求偶之歌

在所有的动物中，最为精妙的求偶行为可能是座头鲸的歌声。每只座头鲸都唱着它们自己的特殊“歌曲”，这种“歌”是由一系列的长音符组成的，而且能不停地重复演唱下去。座头鲸的歌声非常洪亮，旋律奇异而美妙。

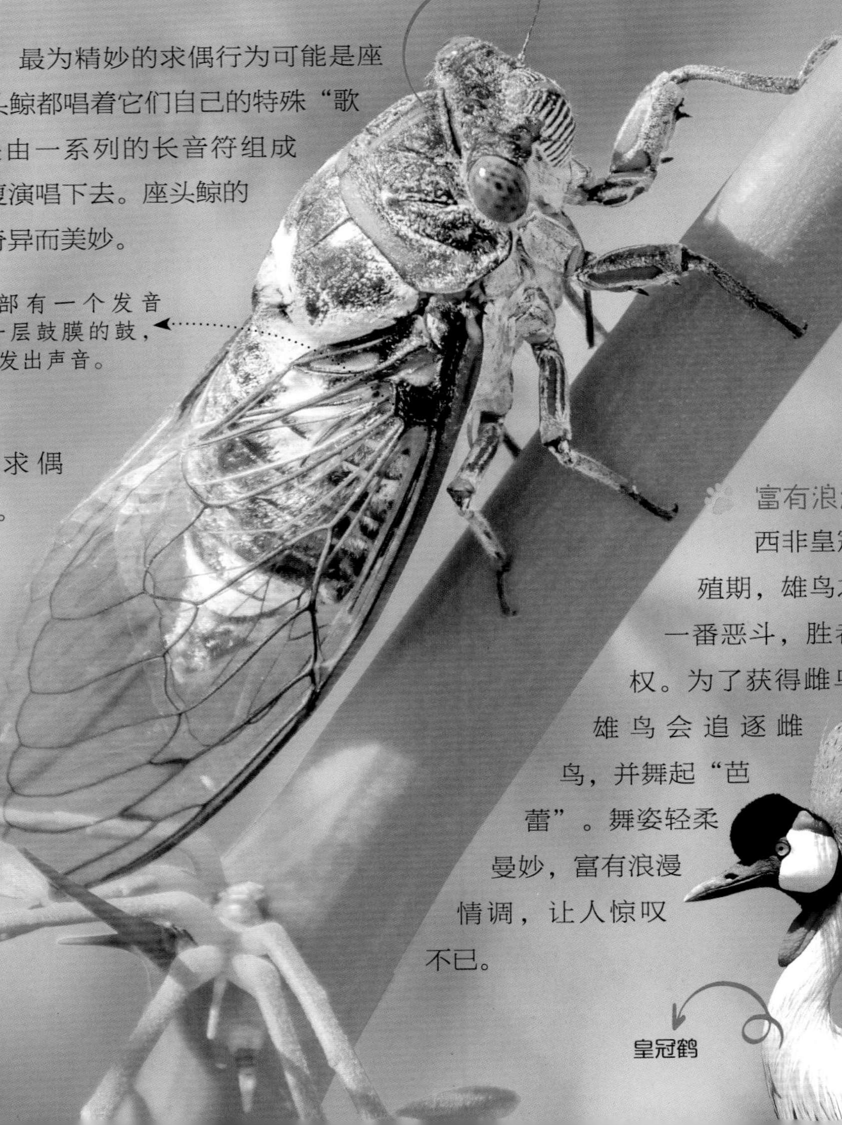

蝉

雄蝉的腹基部有一个发音器，像蒙上一层鼓膜的鼓，鼓膜受到振动发出声音。

叫个不停

动物除了以舞求偶外，还会唱情歌求偶。夏日里树上的蝉总是叫个不停，这些会叫的蝉都是雄性的，它们高声鸣叫以吸引雌蝉前来交配。

富有浪漫情调

西非皇冠鹤到了繁殖期，雄鸟之间便展开一番恶斗，胜者独占交配权。为了获得雌鸟的芳心，雄鸟会追逐雌鸟，并舞起“芭蕾”。舞姿轻柔曼妙，富有浪漫情调，让人惊叹不已。

皇冠鹤

求偶大战 Battle

许多雄性动物会用“比武”的方式来获得配偶，而雌性也只接受雄性中的胜利者。每到求偶季节，雄性动物之间往往会展开一场激烈的搏斗，“胜者为王”，取得与雌性的交配权。

手下留情

老虎属独居动物，领地观念很强。“一山不容二虎”，雄虎各有自己的领地，一般不会相遇。即使为争夺配偶，雄虎之间通常也不会拼个你死我活。它们之间最多以抓伤对手而告终。其间只要有一只雄虎扭头而去，就可以结束对抗。

两只老虎激烈地打斗。

啊卡～啊卡～

啊卡、啊卡

到了交配季节，雄瞪羚十分兴奋，脖子胀得粗粗的，常低着头乱奔乱窜，拼命地追逐雌瞪羚。雄瞪羚还常用“啊卡、啊卡”的嘶叫声威胁竞争者，声音十分洪亮。不过，它们的决斗并不激烈，不会造成死亡。除了争夺配偶，雄瞪羚还要为领地而战。获胜一方可以占有领地，而失败者只得离开。

雄梅花鹿头上有一对实角，角上共有4个叉。

争夺王位

到了发情季节，雄梅花鹿之间就会进行激烈的求偶决斗，胜者为王，可以独霸雌梅花鹿群并统治雄梅花鹿群。但它们的王位很不稳定，常常被新王取代。雌梅花鹿常年群居。雄梅花鹿平时独居，发情季节归群，吼叫着，不时地排出尿液，并且随时准备攻击天敌或“情敌”。

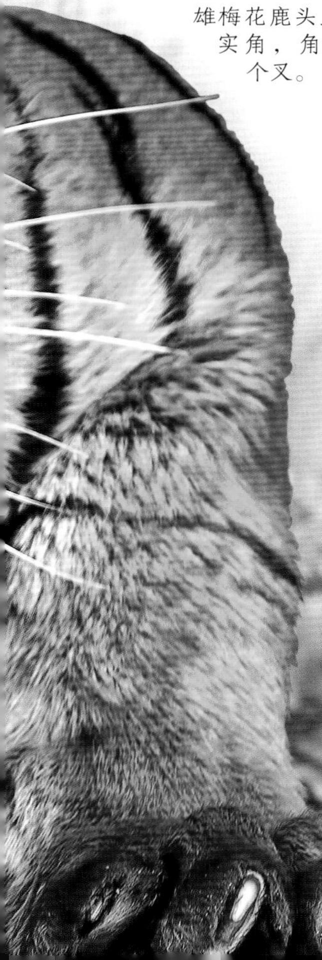

牙齿做武器

一角鲸的“角”实际上是一颗巨大的牙齿。它们可用牙齿挖掘海底泥沙，帮助寻找食物，还可以将其用作防御和攻击性武器。特别是在繁殖期间，雄一角鲸为了争夺配偶，会用牙齿进行一场惊心动魄的决斗，牙齿越长，越容易取胜。

残酷的竞争

当几只雄性豪猪同时喜欢上一只雌性豪猪时，竞争是非常激烈而残酷的。这些雄性豪猪经常用竖起刺的尾巴相互猛烈地抽打并残忍地咬对方。

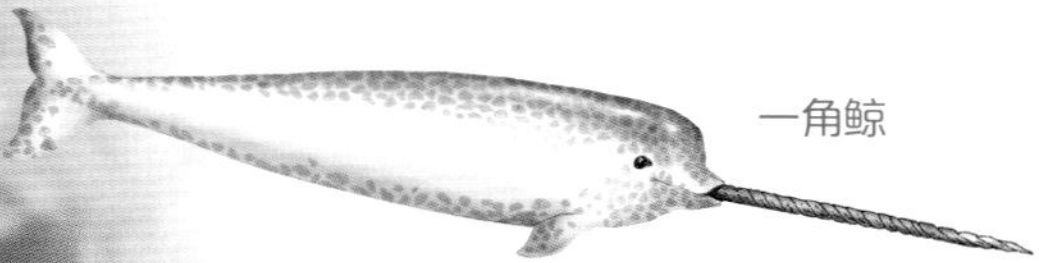

一角鲸

掀翻在地

以鹿角状颚而得名的鹿角虫是一种甲虫，在春天的繁殖期，一些雄性的鹿角虫就会相互争斗以赢得配偶，它们会相互摔跤直到胜利者出现。失败者通常被摔或被扔到地上，或无助地被仰面朝天抛起。

鹿角虫将对手高高举起。

蜗牛

动物的交配 Mating

交配是指体内受精的动物通过性器官的结合，使生殖细胞（精子和卵子）在体内融合的行为。交配是动物的一种本能，动物性成熟以后，会规律性地进入发情期。在发情期内，雄性和雌性动物都会出现一系列身体变化。不同动物的交配时间长短各异，这和它们的体形大小无关。

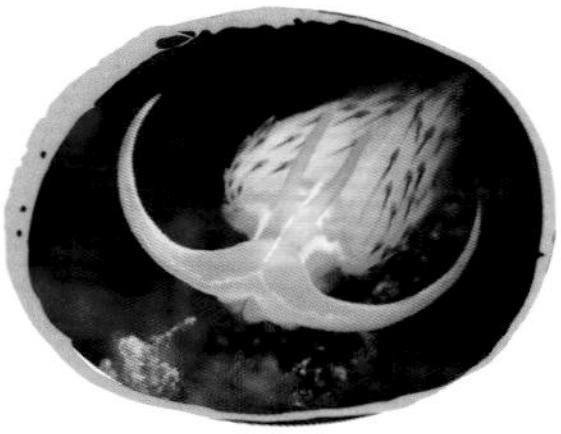

海兔

连成一环

海兔是雌雄同体生物，所以它们只能进行群体交配。即前一只海兔的雌性器官与第二只海兔的雄性器官相交合，第二只海兔的雌性器官又与第三只海兔的雄性器官相交合，以此类推。有时，这种叠罗汉形式还会演变成环形。

进入发情期

成熟的公象每年都会进入发情期，时间最长持续6个月，这时的公象会积极地寻找配偶。如果母象对公象有兴趣，就会离开象群，找到合适的地方进行交配。

蝗虫

寻找伴侣

蝗虫性成熟后，活动力增强，常飞集到一处寻找伴侣，有时还会形成大群体迁移。雄蝗虫靠摩擦发声招来雌蝗虫，然后进行交配。雌蝗虫一生可进行多次交配。

交配频繁

当一只雄狮遇到一只发情的雌狮时，如果它们都愿意交配，就会双双离开群体。交配行为在白天或夜间进行，但雌狮受孕能力很低，大约5个发情期才有一次机会怀上宝宝。

背着配偶

鹿角虫的交配实在是“罗曼蒂克”的典型。雄性鹿角虫伏在雌性的背上，迅速地收缩腹部，发出“呼哧”的摩擦声，而这时的雌鹿角虫则背着自己的追求者到处爬动。如果一次不成功，追求者还会一次又一次地努力，直到交配成功为止。

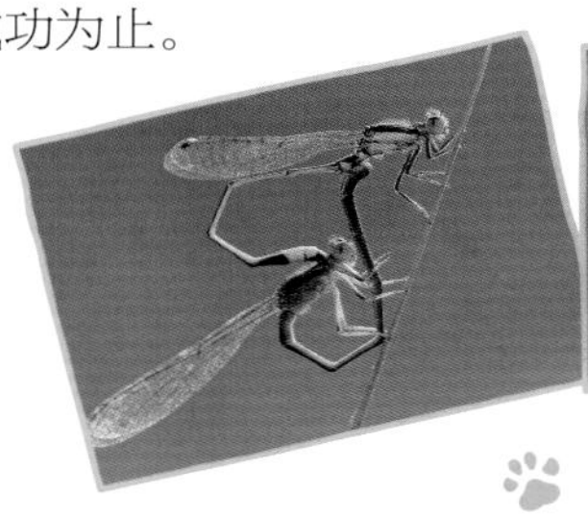

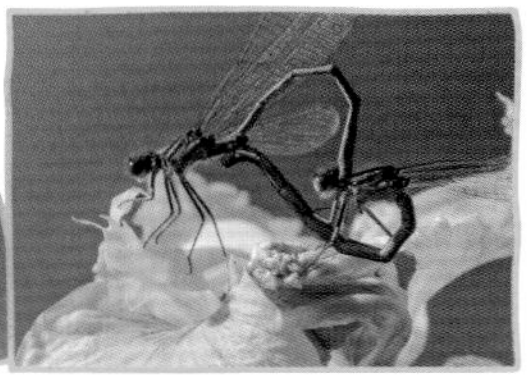

在空中交配

蜻蜓的交配是在空中进行的。交配时，雄性用腹部的末端抓牢雌性的颈部，而雌性则将身体弯曲，使腹端的生殖器伸向雄性的贮精囊中，接受精子。

两性体

有些动物，像蜗牛、鼻涕虫、蠕虫等，每个个体都有两性的器官，这些动物被认为是两性体。当两性体结成配偶，它们每个都可以充当雄性或雌性，使卵受精。

群居生活 Live in Groups

许多动物都喜欢群居生活。它们或是以数量不多的小群体，或是以较大的群体，甚至是成千上万的种类组成的群体进行活动。对这些动物来说，群体生活有很多优势。

结队出游的海鱼，有机会躲避敌害的追击。

运送大猎物

蚂蚁虽小，但它们群体行动时，却能斗得过比它们身体大得多的天敌。这样的情况时有发生，蚂蚁把完整的猎物运送到蚁巢口，然后它们再齐心协力地将猎物弄碎，搬进巢穴。

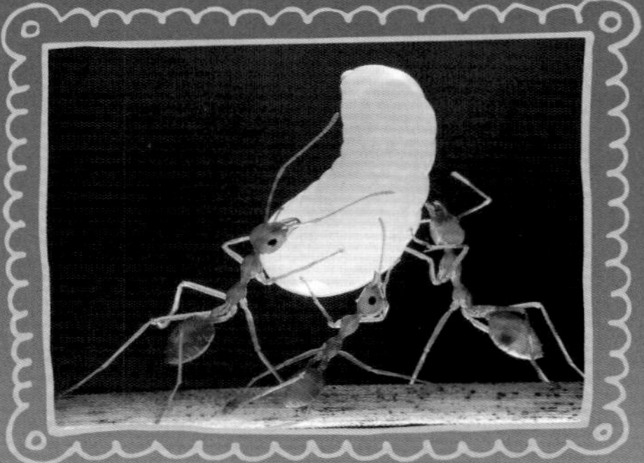

齐心协力运送猎物的蚂蚁

迷惑敌人

一些海鱼，如鲱（fēi）鱼、沙丁鱼等组成鱼群，鱼群中的成员一起游动，配合默契。当受到攻击时，鱼群的游动会使天敌晕头转向，从而使鱼群中绝大多数成员得以逃脱。

一致对敌

斑马性情温驯，但御敌能力较差。为此，斑马除了同类成群以外，还常跟角马、瞪羚、鸵鸟、长颈鹿等动物生活在一起，一旦发现敌害，互相关照，及时逃跑。

非洲大草原上成群的斑马

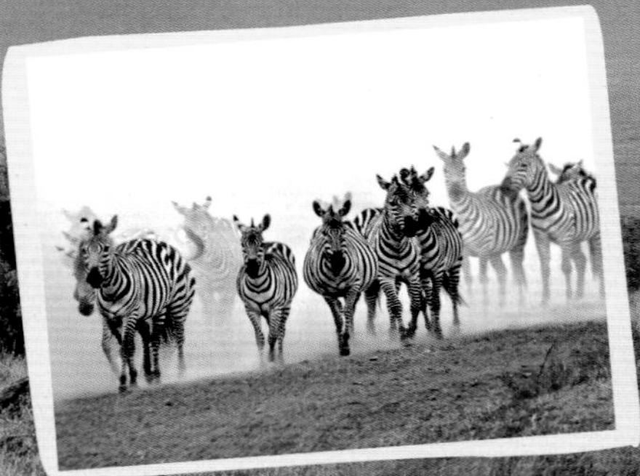

海底花园

海葵长有细长的触手，仿佛海中盛开的娇艳花朵。它们常常成群地聚集在海底的岩石上，构成美丽的“海底花园”。这一“海底花园”可以吸引许多小鱼小虾，为海葵们带来丰富的食物。

海葵和小丑鱼

编队飞行

大雁每年都会成群结队地进行长距离迁徙。这种成群飞行的做法，通过“一”字或“人”字编队，可以节省大雁的体力，这对躯体笨重的大雁来说是至关重要的。另外，一群大雁集合在一起，更容易发现和抵御敌害。

保持队形！

长途迁徙的雁群

雄狮的策略

成年非洲雄狮会离开狮群单独捕猎，而未成年雄狮会配合领头的雌狮，与大家一起追击猎物。只有雄狮成了狮群的首领，它才能坐享其成，过上“衣来伸手，饭来张口”的生活。

乐于群居的狮子可以共同抵御敌人，也更方便捕食猎物。

动物的睡眠 Sleep

人如果不休息的话，是无法生存的，动物也是如此。但是，有些动物的休息方式和人不同，因为它们要随时保持警惕，防止敌人“乘虚而入”。动物界还有一种奇特的休眠现象。动物的休眠方式主要分为两种：冬眠和夏眠。不论冬眠还是夏眠，都可以看作“适者生存”的一种生态反应，它促进了动物的进化。

站着睡觉

象是陆地上最大的动物，它们一天只休息3～4小时，其他时间几乎都在进食和四处游荡。成年象通常不躺着睡觉，而是站着睡觉的。

站着睡觉的大象

~呼~呼

蝙蝠

倒挂着睡觉

蝙蝠是哺乳动物中唯一能够在空中飞行的小型兽类。蝙蝠分布在除严寒地带外的所有地区。温带的蝙蝠有冬眠现象，冬眠时，许多只蝙蝠挤在一起，倒挂在岩壁上，这样可以防止过多的热量散失。

刺猬

连呼吸也要停止了

刺猬是异温动物，冬季不能调节自己的体温，所以它们有冬眠现象。刺猬冬眠的时候，连呼吸也几乎停止了。原来，它们的喉头有一块软骨，可将口腔和咽喉隔开，并掩紧气管的入口。刺猬每年有6个月的时间在冬眠，但它们不是完全的冬眠，天气转暖的时候会醒来活动一下筋骨。

动物睡眠趣事

兔子经常睁着眼睛睡觉，每天平均睡8.4小时。狮子吃饱喝足后，可以睡18小时。牛要不停地反刍，所以一天睡2小时左右。马一天大概睡2.9小时，而且能站着打瞌睡。

Chapter 4
动物的家

森林和林地 Forest

森林里栖息着地球上约70%的生物，包括各种鸟兽、昆虫等动物和微生物。森林里的大树、草地、山涧、小溪，都是动物的乐园。

太平鸟

贪吃的鸟

太平鸟生活在亚欧大陆北部及美洲西北部，因为它们的12枚尾羽尖端为黄色，故有“十二黄”之称，又名“连雀”。太平鸟的胃口很大，它们夏天吃昆虫，冬天吃浆果，有时吃得太多了，以至于不能飞行。

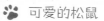

太平鸟主要生活在针叶林、针阔混交林中。

跳跃的松鼠

松鼠

可爱的松鼠

松鼠大多喜欢居住在山坡和河谷两岸的林地中。它们白天在树上攀登、跳跃。在黎明和傍晚，也会到地面上捕食。秋天时，它们会储存食物，然后用泥土和落叶把洞口封住。它们最爱吃坚果，也会吃水果和昆虫。

吃肉的鹿

黑麂是鹿的一种，全身披满棕黑色的短毛，与额头上一簇棕黄色的长毛一起成为与其他麂类区别的标志。它们能吃的植物达100种，还能吃一些小动物，这在鹿类中是绝无仅有的。

胆小的狍

狍一般生活在林地里，有时也会越过篱笆和围墙到农田里寻找食物。狍通常独居，生性胆怯，在夜间觅食。雄狍长有短而尖的角。夏季里，狍的皮毛是棕黄色至深棕色；到了冬天，它们会换上厚密的棕灰色毛。

狍子

山地 Mountain

山区海拔一般较高，气候寒冷，而且悬崖陡峭，乱石丛生，不是一般哺乳动物理想的安居之所。但这里的恶劣环境使食草动物少了很多天敌的威胁。山区的哺乳动物有的擅长攀登，有的特别耐寒，还有的掌握有储藏食物的绝技。在山区不同的植物带中也栖息着各种各样的鸟，有的凶猛强悍，有的娇小可爱。动物为贫瘠的山地增添了迷人的魅力。

虎

巡山大王

虎在从南到北的山区都能很好地生活，常出没于山脊、矮灌丛和多岩石的山地。虎没有固定巢穴，多在山林里游荡，寻找猎物。虎的活动范围较大，一般在500～1000平方千米，最大时可达4000平方千米。

胡兀鹫

爱吃骨头

胡兀鹫主要以死尸为食，尤其爱吃骨头。它们会把咬不动的骨头叼上天空，然后一松嘴，让骨头掉在坚硬的岩石上摔碎后再食用。据说，胡兀鹫能用同样的方法将捕到的乌龟摔碎吃掉。在非洲，胡兀鹫还会叼起石头砸碎鸵鸟蛋吃，这种聪明的做法令动物学家大为吃惊。

骆马

骆马

骆马是骆驼家族中个体最小的种类，它们栖息在海拔3200～4800米的半干旱高原。骆马身上的毛柔软而细长。它们奔跑的姿势很优美，速度也很快。

热带雨林

Tropical Rain Forest

世界上的热带雨林主要分布在南美洲、非洲、东南亚、澳大利亚及太平洋群岛。那里终年温暖潮湿，为动物提供了丰富的食物和栖息场所。生活在这里的大多数哺乳动物都善于攀缘，大型肉食动物通常在林间行走，而鸟类大都色彩艳丽。

林中的交流

在浓密的雨林中，哺乳动物之间进行视觉交流是很困难的，它们通常用声音和气味来传达信息。比如，老虎通过分泌一种气味特殊的体液标记领地，有时也在树干上留下爪印。

孟加拉虎

动物王国

中国云南西双版纳特有的雨林生态系统是珍禽异兽的乐园。这里栖息着兽类约62种，鱼类近100种，两栖类32种，鸟类400多种，被称为“动物王国”。

极乐鸟

吉祥神鸟

在巴布亚新几内亚的热带雨林里，有一群美丽的精灵——极乐鸟。它们有绸缎一样的羽毛，尾巴像长长的金丝，两肋的羽毛像金纱，体形像绽开的花朵。当地人视它们为象征吉祥和幸福的神鸟。

树懒

树懒是一种十分奇特的动物，它们身上披满了绿色的地衣、藻类，形成天然的伪装。它们极为懒惰，行动迟缓，经常挂在树上睡大觉，一天中有近20个小时在睡眠中度过。

树懒倒挂时，头可以转动，观察周围的情况。

金钱豹

金钱豹

金钱豹分布在非洲和亚洲，有的隐藏在森林和丛林中，有的生活在山区的树林边缘。金钱豹体形像虎，但比虎小得多。它们黄色的皮毛上点缀着漂亮的黑斑，像烙上去的一枚枚古钱。金钱豹机警、灵敏，爬树本领非常高，能猎食鹿等大型动物。

美丽的草原，我的家 Grassland

气候炎热的草原，在雨季以外的大部分时间里干旱少雨。这里很少有大片的乔木，只有一望无际的草本植物延伸到无尽的天边。草原上生活着多种多样的动物，食肉动物和食草动物大量共存，如羚羊、斑马、狮子等，还有许多鸟类和昆虫。

非洲大草原

非洲的大草原极具魅力：一望无垠的草地，四处游荡的斑马、长颈鹿，庞大的非洲象和犀牛，凶猛的非洲狮和奔跑的猎豹……正是这些和善与凶猛、谦恭与顽强的生物，使非洲草原处处流淌着生命的激情，它们才是非洲草原真正的主人。

非洲狮一家

非洲狮

非洲狮是体格强壮的大型猫科动物，是最著名的野生动物之一，被称为“草原之王”。非洲狮最喜欢栖息于多草的平原和开阔的稀树草原。

饮水的鸵鸟

奔跑的猎豹

猎豹

猎豹是世界上短距离奔跑最快的陆地动物。它们在广阔的大草原上奔跑，犹如飞驰的汽车。猎豹全身有许多美丽的深色斑点，最引人注目的是猎豹从眼睛到嘴角有两条黑色的条纹，像是两道深深的泪痕。

长颈鹿生活在非洲的稀树草原、灌丛、开放的林地等处。

象

在地球上有两种象——非洲象和亚洲象。高大魁梧的身体，硕大的头部，蒲扇般的大耳朵，缠卷自如的象鼻，长长的象牙，如柱子般粗壮的四肢，浅灰或褐色的皮肤以及稀疏而粗糙的体毛，是它们的共同特征。

斑马

斑马喜欢栖息在水草丰茂的草原。它们一年中大部分时间都不会跑到别处去，只有在缺食少水时才会迁徙。它们常与牛羚、长角羚等其他食草动物一同吃草。

非洲象

草原动物的特点

草原开阔平坦，视野非常宽广，很适合奔跑。为了适应草原的地理环境，生活在草原上的动物都有着良好的视觉、灵敏的嗅觉和敏锐的听觉，还有善于奔跑的四肢。

河、湖和湿地 Wetlands

苍鹭

地球上有很多河、湖。靠近河、湖而地表有浅层积水的地带就是湿地，具体包括沼泽、滩涂等。湿地被称为“地球之肾”。在这里生存、繁衍的野生动植物极为丰富，尤其是鸟类。大约有1/3的鸟类生活在这里，其中包括一半的珍稀鸟类。此外，还有很多迁徙的鸟在这儿繁殖、补充能量和休息。而这里的哺乳动物一般都善于潜水和游泳。

最耐心的捕鱼能手

苍鹭捕鱼时，会长时间静静地站在浅水中，等小鱼游近时，快速伸颈啄捕。人们戏称它们为“老等”。若捕到大鱼，它们会先在岸上将鱼摔死，然后吞食。苍鹭吃鱼时总是先从鱼头开始，这样可以避免被鱼鳍刺伤。

水貂

在植物繁盛的河流和小溪附近，经常有机敏的水貂出没。它们是游泳健将和潜水能手，常常下水抓鱼捕虾。在陆地上，水貂捕杀老鼠、兔子等啮齿类动物，也吃鸟蛋、昆虫等，还会把“战利品”储藏在地下的巢穴里。

雪衣仙子

白鹭天生丽质，身体修长，它们有着纤长的腿、脖子和嘴，脚趾也比较细长。白鹭全身披着洁白如雪的羽毛，犹如一位纯洁的雪衣仙子。白鹭生性胆小，见到行人就飞走。飞行时脖子缩成“S”形，两脚直伸向后，且呈直线飞行。它们主要以小鱼、虾、蛙、蝗虫为食。

水貂

白鹭

海洋 Ocean

深邃的海洋美丽又神秘。海里生长着花花绿绿的海草，大的有上百米长，小的要用显微镜放大几十倍、几百倍才能看见；还有奇异可爱的鱼类、贝类、海星以及水母，在波浪涌动下构成一幅美丽的图画。这里生活着多种哺乳动物，有的以海草和鱼虾为食，有的则靠吃“食草”的海洋动物来维持生命。

虎鲸

虎鲸是一种大型齿鲸，由于它们性情凶猛，因而被称为“杀人鲸”“逆戟鲸”。虎鲸的嘴很大，上下颌每侧各长着10～12枚锋利的牙齿，一副凶神恶煞的样子。虎鲸是海洋中分布最广的哺乳动物之一。

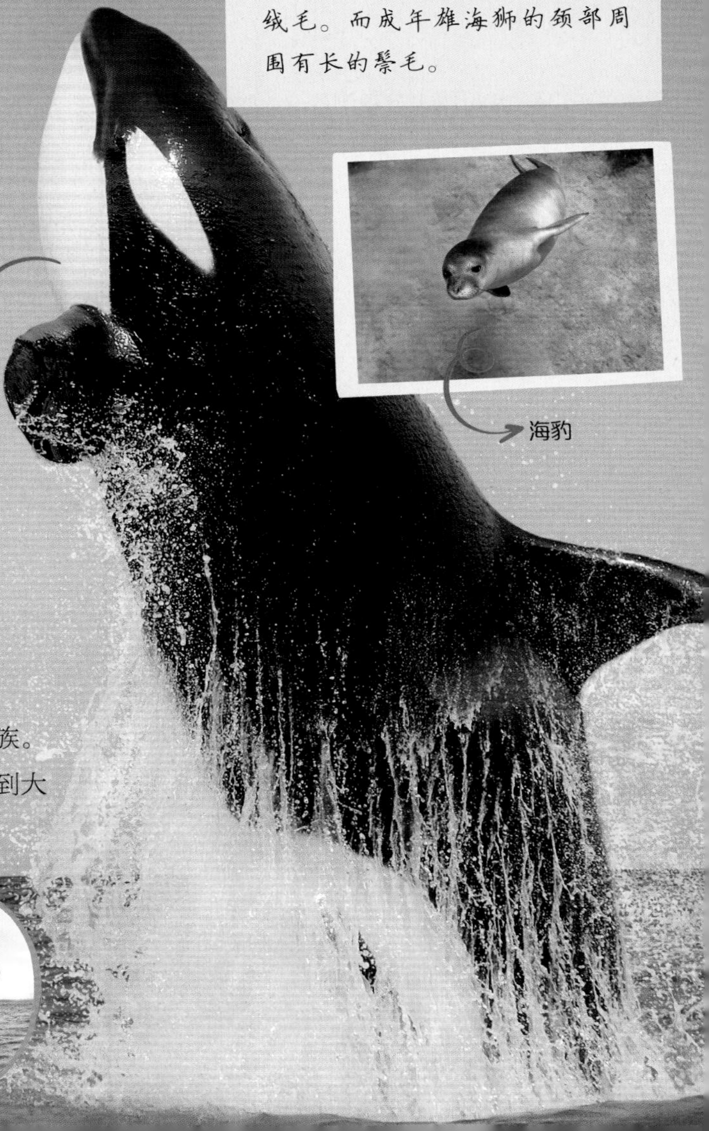
虎鲸

蓝鲸

蓝鲸是地球上现存最大的动物。蓝鲸的嘴里有几百条鲸须从上颌垂下来，它们喝进水，然后闭上嘴，用舌把海水排出，这些鲸须就能够将鱼、虾和其他小动物从水中过滤出来，留在嘴里。

海豚

聪明伶俐的海豚和巨大的鲸同属于哺乳动物家族。全世界共有30多种海豚科动物，从太平洋、印度洋到大西洋，都能在海面上听到海豚欢快的叫声。

海豚

“海上三雄”

海狮、海豹与海狗并称为“海上三雄”。海豹后肢不能向前弯曲，不能行走，只能爬行，头部两边也没有像海狮、海狗那样的小耳朵。海狮与海狗同属海狮科，外观极为相似，只是海狗脸很短，全身覆盖着绒毛。而成年雄海狮的颈部周围有长的鬃毛。

海豹

荒漠地带 Desert

大耳狐

荒漠地带气候炎热干燥，有大片流沙和荒凉的戈壁，地面上很难找到水源，植物也很稀少，动物无法找到隐蔽的场所，生存环境非常恶劣。生活在这里的骆驼、野驴等不仅耐渴、耐饥，还具有远距离寻找水源的能力；而鹅喉羚和更格卢鼠则善于奔跑；沙鼠与跳鼠的毛色变成与沙土一致的颜色，而且它们只在凉爽的夜间活动。

比例奇大的耳朵

撒哈拉沙漠中的大耳狐有一对名副其实的大耳朵，大小几乎是它们身体的一半。在天气炎热时，大耳朵可以帮助它们散发体内热量，来保持身体凉爽；在捕猎时，大耳朵像雷达一样，能捕捉到猎物细微的声响。

长角羚

沙漠之舟

世界上有两种骆驼，即单峰驼和双峰驼，它们都非常适应在昼热夜寒、缺少水和绿色植物的沙漠生活。特别是野骆驼练就了一身非凡的适应能力，不仅能够耐饥、耐渴，也能耐热、耐寒、耐风沙，可以像船一样帮助人们穿越浩瀚沙海，所以有“沙漠之舟”的美誉。

长角羚

长角羚栖息于干燥的平原、沙漠地区、岩石山边及丛林地带。长角羚无论雌雄都长有或直或稍微弯曲的角，这是它们进行自卫或战斗的武器。长角羚非常耐渴，干旱时可以长期不喝水。

极地苔原
Polar region

极地苔原地区的夏季短暂，冬季寒冷而漫长，有永久冻土层，主要生长苔藓、地衣和矮小灌木，只有耐寒的动物才能在这里常年生活。为了适应这里的生活，有些动物的皮毛会在冬季变白，和雪地背景融为一体。而这里的动物一般繁殖力较强，如旅鼠每隔20天可繁殖一代。不过，到了夏季，许多鸟类也会到这里繁殖后代，这时的极地呈现出一派欣欣向荣的景象。

伪装术

极地苔原地区几乎终年都覆盖着冰雪。为了适应这里的环境，达到伪装自己的效果，动物会随着季节而更换毛色。如北极狐、雪兔和北极狼，冬天毛色变白，藏在雪地里，不易被捕食者或猎物发现。夏天雪融化后，它们的毛色变成棕色或灰色，与大地融为一体。

北极狐

变色的雷鸟

雷鸟栖息在北极附近的冻原地带，像企鹅一样极其耐寒。它们每年会随季节的变化而更换4次羽衣，与周围环境十分协调——春天，雷鸟的羽毛为棕黄色；盛夏，雷鸟的羽毛变成栗褐色；深秋，雷鸟换上了带黑斑的棕色羽衣；严冬里，雷鸟立即换上一身白色的“冬装”。

驯鹿

驯鹿的“会师”与撤退

冬天，驯鹿在极地苔原上大会师，一起抵抗饥饿和寒冷，保护幼鹿，共同对付灰熊和野狼的攻击；夏天来临时，为了躲避蚊蝇的袭击，它们又从苔原地带撤往更冷的高山。

夏天的雷鸟

冬天的雷鸟

好奇小问号

No.1 谁是走得最慢的哺乳动物？

在全世界 4600 多种哺乳动物中，走得最慢的动物是美洲热带森林中的三趾树懒。它每分钟只能走 4 米左右，但它们却是敏捷的游泳者。树懒大部分的时间都是挂在树上一动不动，只有在想“上厕所”的时候，它才会动起来。可即使做这样的事，它也会“偷懒”，通常是懒洋洋地从树上爬下来，到树下“上厕所”，然后再懒洋洋地爬上去。

No.2 谁是世界上最大的动物？

蓝鲸生活在海洋里，是世界上最大、最重的动物。它的一条舌头上能站 50 个人，一颗心脏和一辆小汽车的大小差不多。蓝鲸的动脉血管也非常粗，婴儿可以钻进它的动脉，在里面玩“钻隧道”的游戏。刚出生的蓝鲸幼崽比一头成年大象还要重。科学家推测，一条 30 米长的蓝鲸，体重达 181 吨。

No.3 谁是跑得最快的动物？

猎豹是陆地上奔跑速度最快的动物，被称为“短跑冠军”。一只成年猎豹能够在几秒之内使自己的速度达到 120 千米 / 小时。猎豹虽然跑得很快，但耐力却很差。如果在短时间内没有捕捉到猎物，它就会中途放弃，等待下一次出击。所以，尽管出击速度很快，但猎豹捕猎的成功率并不是很高。

No.4 为什么丹顶鹤总是单腿站立？

丹顶鹤身披洁白的羽毛，可以帮它保持身体的温度，但它的腿部容易散热。为了减少热量的散失，保持体温，我们会发现，它总是把一只脚藏在羽毛下面，另一只脚站在地上。

No.5 大象用鼻子吸水会被呛到吗？

天气炎热的时候，我们经常见到大象来到小河边，用长长的鼻子吸水，然后喷到自己的身上。那它不会被呛到吗？原来大象鼻腔的结构很独特，在鼻腔后面的食管上方，有一块软骨。吸水时，喉咙部分的肌肉收缩，促使这块软骨把气管口盖上，水就从鼻腔进入了食道，而不会进入气管。所以，大象可以轻松自如地用鼻子吸水。

No.6 松鼠的大尾巴有什么用？

松鼠的个头不大，身长基本上只有 20 ~ 28 厘米，身体和四肢细长，小巧玲珑。但它的尾巴却很大，长度几乎达到身长的 2/3 以上，尾巴上的毛蓬蓬松松。它的大尾巴有什么用呢？首先，可以帮助它维持平衡。它跳跃时，尾巴挺直，奋力一跳，就能跳出几米远，轻松地从一棵树上跳到另一棵树上。松鼠睡觉时，还可以把大尾巴盖在身上，当作被子以取暖。

奇趣动物大百科 第一卷

美术编辑：刘晓东

文图编辑：白海波　于海清

封面设计：何　琳

版式设计：何　琳

图片提供：视觉中国　站酷海洛

奇趣动物大百科

第二卷

《图说天下》编委会◎编

吉林出版集团股份有限公司

目录

Contents

Chapter 1 哺乳动物：凶猛的猎手

Chapter 2 哺乳动物：可爱的精灵

Chapter 3 奇妙的昆虫世界

Chapter 1

哺乳动物：凶猛的猎手

你认识哺乳动物吗？ Mammal

哺乳动物是脊椎动物中最高等的一类。除鸭嘴兽和针鼹卵生外，其余都是胎生，用乳汁哺育后代是它们的特点。哺乳动物的身体一般可分为头、颈、躯干、尾和四肢5个部分，体表有毛，体温恒定，体腔分为胸腔和腹腔两个部分，智力和感觉能力很发达。

肌肉的作用

哺乳动物发达的皮肌使其能完成更多的动作。比如，牛和马的脂膜肌可使它们周身皮肤颤动，驱逐讨厌的蚊蝇，抖掉肮脏的尘土；猿猴和人等灵长类的表情肌有40块左右，可以产生丰富多变的面部表情。

金毛寻回猎犬

天生的衣服

毛发是哺乳动物特有的，用来保护身体，具有防寒、防晒、防水的作用，有的动物皮毛能组成图案迷惑敌人或用以与同伴保持联络。毛发分为稠密柔软的绒毛和粗长的针毛。鲸等海兽毛发退化，只有少数感觉刚毛长在嘴边。

这几种犬外形不同，身上的毛却都十分浓密。

捕猎

捕猎是食肉类哺乳动物的天性。食肉动物有的靠自身天生的身体构造很容易捕获猎物；有的则靠后天学习，积累下丰富的捕猎经验，用自己的智慧换来美味的回报。通过捕猎活动，食物链上的植物和动物才得以维持正常的数量，生态环境才能够维持稳定和平衡。

海豚通过声波定位，可以准确地判断猎物的位置。

回声定位

有些哺乳动物的视觉严重退化，只留下对光明和黑暗的感觉，它们在运动或捕食时，需要借助听觉和声波回音进行定位。蝙蝠用超声波进行回声定位；海豚则用超声波和次声波在水中判别物体方位。

在口袋中成长

有的哺乳动物没有发育完全的胎盘，小宝宝出生时发育不全，只能在妈妈的育儿袋中长大，因此它们又叫有袋类动物。现在有袋类动物主要在大洋洲和南美洲生活，如美洲的负鼠、大洋洲的树袋熊和袋鼠等。

胎生哺乳

对有胎盘的哺乳动物来说，胚胎在妈妈的子宫内要待上几个月甚至一年多，通过胎盘汲取妈妈血液中的营养，直到发育完全后才出生，并且出生后就能自己吮吸乳汁，依靠妈妈的乳汁成长。

正在吸吮乳汁的小狮子

色彩斑斓的皮毛 Fur

皮毛是哺乳动物调节体温、保护身体、隐藏自己甚至是求偶的法宝。在寒冷环境中生存的动物，必须拥有长而浓密的毛发；在水中生活的动物，皮毛一定具有防水功能；森林和草原往往要求动物有一身鲜艳的“服装”，而大海和雪原使动物的毛色无比纯净。皮毛的颜色与环境高度协调一致，才能使它们的主人感觉更舒适、更安全。

用于交流和警告的尾巴

环尾狐猴成群地生活在一起，主要在地面上活动。为了便于同伴间联络，它们在开阔地忙碌觅食时，就竖起漂亮的有黑白相间条纹的尾巴。它们还会将腋窝的臭液抹在尾巴上，警告别的动物不要侵犯它们的领地。

环尾狐猴

带图案的皮毛

长颈鹿除了长长的脖子外，最显著的特征就是那从头到膝盖的皮毛上的图案。这些图案有的是棕色的圆点，有的像交错的枝条，有的像锯齿。每一只长颈鹿都有自身独特的图案。

斑马

黑白条纹

黑白相间的条纹是斑马醒目的标志。斑马身上的条纹有很多种，看上去像是起装饰性作用的花纹，其实是为了扰乱敌人的视线，便于群体成员之间互相辨认。此外，斑马身上的条纹还可以有效地防御舌蝇的叮咬。

不同的虎纹

虎的皮毛以黄色为主，腹部和四肢内侧是白色，全身有许多黑色和褐色的条纹。不同地区的虎，因毛色深浅、条纹宽窄疏密、体形大小和毛的长短等方面的不同，以及生活习性、繁殖特点等差异，而被分成不同的亚种。

西伯利亚虎在冬季时毛色较白。为了抵御冬季-45°C的低温，它长着厚厚的皮毛，在所有老虎中，它的毛发数量最多。

北极熊的毛看起来是白色的，实际上是透明的。

导热的透明毛发

北极熊只有鼻子和爪垫部位没有长毛，其他部位都覆盖着长长的软毛。这种毛在阳光下看起来闪耀着金色的光泽。北极熊的毛发是空心而透明的，能将阳光的热量全部传导到皮肤上。

不一样的
皮毛

黑白分明

大熊猫的毛色为黑色加上乳白色，其中黑色成条或成块地分布在四肢、耳朵和眼睛周围。大熊猫的皮毛具有很好的防水性能，可以使它们的身体保持温暖，又干燥舒适。

大熊猫

奇妙的尾巴 Tail

动物的尾巴虽然构造简单，但用途千差万别。有的尾巴大而有力，是帮助保持平衡的利器；有的尾巴又小又软弱，可以用来交流；还有的尾巴可以把身体挂在树上，使身体得到更多的自由……这些形形色色的尾巴，帮助动物更好地适应周围的生活环境，得到更多的生存机会。

马在奔跑时，尾巴能够保持身体平衡。

草原上的马需要用尾巴驱散蚊蝇。

驱赶蚊虫

马的尾巴由数百根又长又粗的毛组成，可以当“苍蝇拍”用，左右甩动抽打叮咬马匹的蚊蝇。在奔跑时，马的尾巴又成了“平衡器”，可以保持身体平衡。

鲸有一条巨大的尾巴，鲸每拍一次尾巴，都能掀起一阵大浪。

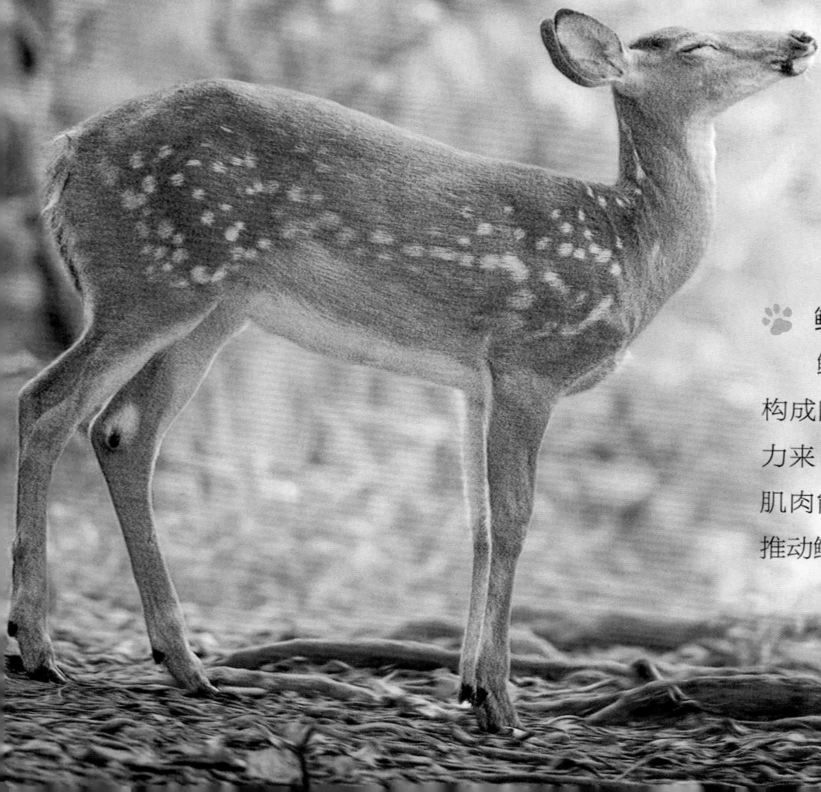

鲸的尾巴

鲸的尾巴是由两个大裂片构成的。鲸游泳时所需要的动力来自背部强健的肌肉。这些肌肉能控制尾巴上下拍水，以推动鲸在海洋中前进。

报警装置

别看鹿的尾巴既小又短，它可是重要的警报器。当有天敌接近鹿群时，最先发现敌人的鹿就会马上竖起小尾巴，露出下面的白点，示意同伴们马上逃命。

鹿的尾巴就像一个报警器。

牵着尾巴走

象拥有大大的耳朵和长长的鼻子，但尾巴很小。它们全身皮肤粗糙，毛发稀疏，尾巴上却有一束如铁丝般的刚毛。当象群排队行走时，有的象会用鼻子卷着前面那只象的尾巴，以免掉队。

方向盘

飞鼠长着一条毛茸茸的长尾巴，前后肢之间有皮膜相连。当它们在树林里滑翔时，身体两侧边缘的皮膜张开，像降落伞一样，而扁平的尾巴则成了滑翔的“方向盘”和“刹车闸”。

草原之王——非洲狮 African Lion

非洲狮是体格强壮的大型猫科动物，被人们称为“草原之王”。非洲狮生活在非洲大草原上，它们黄褐色的皮毛同旱季的黄色草原浑然一体。因此，如果不仔细辨别，白天也很难发现它们的踪影。

拥有敏锐的眼睛。
庞大的体形，比雌狮的个头要大很多。
雄狮

捕猎

捕猎技巧

在非洲的大草原上，非洲狮并不是十分成功的捕猎者，但根据地形、喜好和猎物的不同，非洲狮会采取不同的捕猎技巧以获取猎物。因此，狮群捕猎的成功率远大于其他猫科动物。离群谋生的雄狮通常独自在晨昏时潜藏在较高的草丛里等待前来吃草的动物。

我的名片

家族：脊索动物门，哺乳纲，食肉目，猫科

分布地区：撒哈拉沙漠以南的热带草原和荒漠地带

主要食物：中大型有蹄动物

身长：雄狮250~320厘米，雌狮约270厘米

体重：雄狮138~275千克，雌狮85~182千克

雄狮

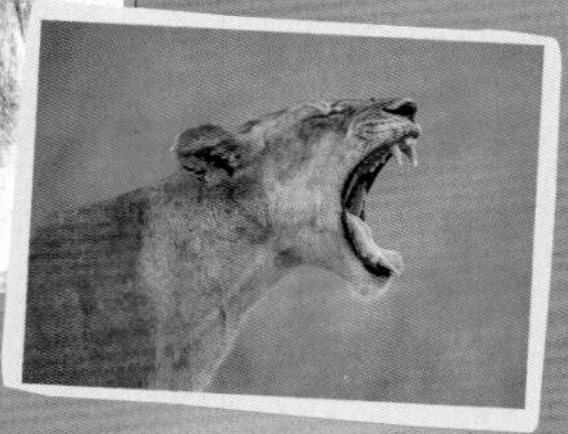

雌狮

为雄狮平反

当我们看到雌狮在辛苦地捕猎，而狮王则待在“家里”，过着“饭来张口”的生活时，总忍不住要对雄狮表示不满。但在一个狮群中，领头的雄狮和雌狮实际上是有分工的。狮王体格魁梧，是狮群的保卫者，负责整个狮群的安全。雌狮则主要承担捕猎和繁殖后代的任务。

雌雄狮的区别

雌狮和雄狮在体形和毛色方面都有差异。雄狮的体形比雌狮大，体毛长，颜色从浅黄、橙棕或银灰到深棕色各异，而雌狮的体毛则带有茶色或沙色。当然，它们最大的区别是雄狮有美丽的鬣（liè）毛，看上去十分威武，而雌狮却没有。

幼崽

出生6周以后的非洲狮幼崽才能够进食肉类。幼崽皮毛很厚，带有浅灰色斑纹或斑点，3个月后这些斑纹或斑点将逐渐褪去。

雌狮和小狮子

团体生活

狮子具有极强的群体意识，是猫科动物中唯一过群居生活的。与其他群体中有等级制度的动物相似，狮群也有明显的阶层和制度。比如，狮王（领头的雄狮）享有首先进餐和交配的权力，狮王吃饱离开后才能轮到成年雌狮和未成年雄狮，最后才轮到幼狮。

狮群

狮虎斗

狮和虎都有“兽中之王”的称号，那么它们中究竟谁更厉害呢？实际上，狮子多生活在非洲，老虎分布于亚洲，除非有人为因素，否则它们没有机会相遇一决高低。从它们的个体来说，身长、体重和凶猛程度都不相上下。所以，很难说它们谁更厉害。

百兽之王——虎 Tiger

虎的体形像猫，四肢强壮，趾上有自由伸缩的钩爪，长长的尾巴可以一直拖到地上。独来独往的虎以所有其他脊椎动物为食，几乎没有天敌，是亚洲丛林里令动物们闻风丧胆的“百兽之王”。按照不同的分布环境，虎演化出10个亚种（有5种已经灭绝），它们在头骨、皮毛和体形上差异很大。

锋利的牙齿

东北虎

种类

根据生活环境的不同可将虎分为10个亚种。最原始的虎是华南虎，最大的虎是东北虎，毛色最鲜艳的是孟加拉虎，还有西北虎、华北虎、黑海虎、印度支那虎、苏门答腊虎、爪哇虎和巴厘虎。其中，西北虎、华北虎、黑海虎、爪哇虎和巴厘虎已经灭绝。

匕首与刮刀

虎的牙齿并不多，只有28～30颗，但每颗都锐利得能切肉割皮。虎的犬齿是陆地肉食动物中最长的，像一把匕首，能轻易地将猎物的皮肤刺穿；门齿排成一条线，像一把刀，可刮下骨头表面的残肉。

悄悄接近猎物的东北虎

掩护色

虎的皮毛以黄色为主，腹部和四肢内侧是白色的，全身布满黑色和褐色的条纹。这些条纹能起到很好的掩护作用，当虎接近猎物时，可以把身体贴近地面，藏在草丛中或河塘里而不被猎物发现。

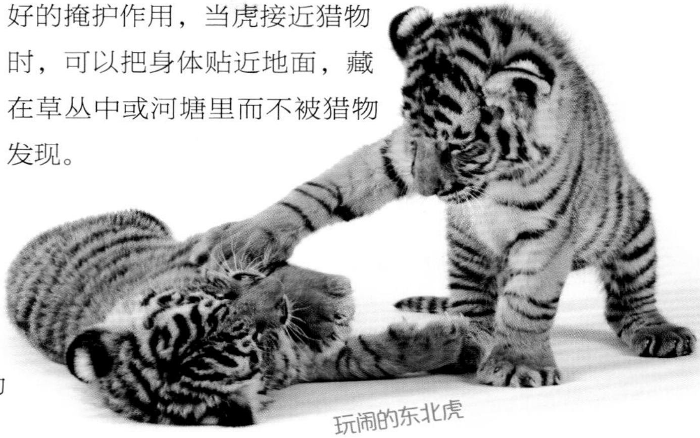

玩闹的东北虎

传达信息

虎的耳朵很短，呈半圆形，背面是黑色的，中间有一块明显的大白斑。除了听声音外，虎耳朵还有其他用处。它们的耳朵后贴或竖起时，表示不同的意思。当耳朵后面的白斑随耳朵的转向而摆动时，就是在警告对手：“离我远点！”

苏门答腊虎

在玩耍中学习

虎的高超本领都是从玩耍中获得的。小虎在一起总是好动好玩，虎妈妈也会陪伴它们嬉闹，并带活动物回来训练它们的捕食能力。小虎必须从扑打追咬的游戏中学习捕猎的技巧和智慧。

短暂的蜜月

雌虎发情时，会在山林里排放含有大量激素的尿液，以吸引雄虎前来“相亲”。它们相互试探，确定没有危险后，才开始朝夕相伴。但一周后，发情期结束的雌虎会毫不留情地将“新郎”赶出领地。

我的名片

家族：脊索动物门，哺乳纲，食肉目，猫科

分布地区：俄罗斯远东经中国、印度、尼泊尔、孟加拉国部分地区到东南亚的大片区域

主要食物：野猪、狍子、鹿、麝

身长：200~400厘米

体重：200~350千克

前额上的黑纹像个“王”字。
硬须长达15厘米。

童话里的反派——狼 Wolf

狼给人的印象往往是凶残、贪婪的。可是，事实真的如此吗？如果真这么以为，那你就错了，这些都是故事里给狼强加的“罪名”。狼是懂得团结合作、爱护孩子的动物。然而，因为人类对自然环境的破坏，近年狼的数量逐渐减少，只有亚洲、欧洲和北美洲的一部分地区还可以见到它们的身影。

嗷~
嗷~

仰天长啸

狼的标志性动作是仰天长啸，那声音听起来让人毛骨悚然。其实，你不用害怕，这叫声只是狼在相互联络——也许是母狼在呼唤小狼，也许是刚离开家的小狼想念母亲，也许是公狼在吸引母狼，也许是向入侵者发出警告……狼群捕猎时，如果有同伴牺牲，其他的狼也会围在尸体旁哀号。

至高无上的首领

在狼的世界里，首领是整个家族的统治者，它的权力是至高无上的。首领负责给狼群中的成员分配“工作”，指挥狼群捕猎，最后完成食物的分配。

生活在北美地区的灰狼，身长近2米。

两只狼为了争夺统治地位而厮打在一起。

群体生活

狼群平均由 8 只狼组成，而到了冬季最寒冷的时候，狼群成员的数量可以增加到 40 只左右。每个狼群都有自己特定的活动范围，群体之间的“势力范围”不重叠。狼的团队协作精神非常强，几乎每次捕猎都是集体合作完成的。而一只单独行动的狼很难捕到大型猎物。

喜欢集体生活的狼

尽职尽责的父母

狼爱护孩子是出了名的。狼宝宝出生后要在洞穴里待一段日子，这时狼爸爸就负责外出捕食。狼爸爸把猎物咬碎，吃到肚子里，回“家”后再吐出来喂给小狼。族群当中的其他成员也会帮助小狼的父母照顾小狼。

母狼和小狼

敏锐的感官

作为一个出色的捕食者，敏锐的感官是不可缺少的。狼有着发达的视觉、听觉和嗅觉。狼的眼球里有一层薄膜，能反射光线，所以狼的眼睛能在黑暗中发光，并能看清黑暗中的东西。而狼的嗅觉就更厉害了，可以闻到 2.4 千米之外的猎物散发出的味道。

狼的目光里透着凶残、冷酷。

我的名片

家族：脊索动物门，哺乳纲，食肉目，犬科

分布地区：北美洲、欧洲东部、亚洲

主要食物：草食性有蹄哺乳动物

身长：100~160厘米

体重：约40千克

短跑冠军——猎豹 Cheetah

猎豹是世界著名的珍稀动物，也是世界上短距离内跑得最快的陆地动物。猎豹从出生到约3个月时，毛上有许多美丽的深色斑点，头、颈和背上覆盖着蓝灰色长毛。成年猎豹的毛粗糙而卷曲，背部为沙黄色，腹部为白色，上面分布许多黑色小斑点，从眼角到嘴部有黑色的条纹。猎豹的腿长，后肢有力，有助于奔跑。

独特的身体结构

猎豹的超速奔跑能力得益于它们独特的身体结构：典型的流线型体形、有力的心脏、特大的肺部、粗壮的动脉、细长而坚强有力的四肢、能稳固紧抓地面的脚爪、可平衡身体的又长又壮的尾巴，以及超强弯曲度和强度的脊椎。

猎豹妈妈和它的孩子们

温柔的兽语

猎豹的喉部是一整块骨头，没有弹性韧带，因此不能吼叫，只能发出像小鸟一样的叫声。同时猎豹还会发出特别的声音互相联系。雌猎豹招引配偶时会发出像鸽子一样“咕咕”的叫声，呼唤孩子时则发出像小鸟一样“叽叽喳喳”的叫声。

准备进餐的猎豹

进餐

无敌的奔跑速度并不能保证猎豹每次出击都有所收获。猎豹只吃鲜肉。由于猎豹的地位处于大型食肉动物的下层，为了辛苦得来的食物不被别的动物抢走，它们只能抓紧时间吞食猎物，或就近将猎物拖到隐蔽处才放心就餐。

短跑冠军

猎豹短距离内的奔跑时速可达120千米，而在短短的2秒钟之内，它能轻易地将时速从1.61千米跃增到64.37千米。猎豹确实是当今世界上当之无愧的“短跑冠军”。

孤军奋战者

猎豹是孤军奋战的捕食者，通常在早晨或黄昏捕猎。它们首先跟踪猎物，然后高速追赶，最后一个快速冲刺将猎物扑倒。捕到猎物后，它们会尽量缩短喘气休息的时间，抓紧进食。否则，附近听到动静的狮子、鬣狗等会迅速赶来，毫不客气地夺走猎豹辛苦得来的猎物。

猎豹捕食羚羊

我的名片

家族：脊索动物门，哺乳纲，食肉目，猫科

分布地区：撒哈拉沙漠以南的热带草原和荒漠地带、伊朗沙漠地区

主要食物：中型和小型有蹄动物

身长：120~130厘米

体重：约40千克

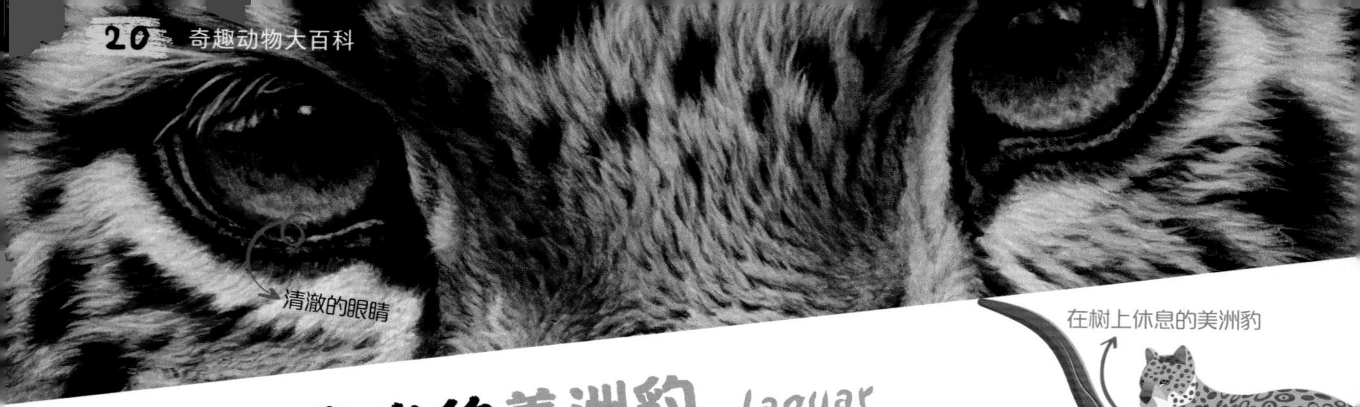
清澈的眼睛

在树上休息的美洲豹

昼伏夜出的美洲豹 Jaguar

美洲豹是美洲大陆最大的猫科动物，栖息在亚马孙雨林等地。美洲豹毛色的底色变异很大，由白色到黑色。它典型的花纹是在橘棕黄色底色上由黑色斑点组成一簇簇玫瑰花结形图案，中心有一个或数个黑色斑点。尾巴上有不规则的黑色斑点，鼻和上唇为浅红褐色。除玫瑰花结形的黑斑外，美洲豹的花纹与豹相似。美洲豹的攀爬本领不如豹。

隐藏在林中的美洲豹

潜伏的猎手

美洲豹的腿短而结实，因此捕猎时喜欢打“埋伏战”。它们总是先潜伏在猎物常出现的地方，一旦猎物出现，便迅速地扑向毫无察觉的猎物。

昼伏夜出

白天，美洲豹躺在树杈上养精蓄锐，等到夜晚来临，便前去觅食。虽然光线昏暗，但美洲豹依靠极好的视觉和听觉，不放过任何蛛丝马迹。这时它们的瞳孔也不再是一条缝，而是变得又大又圆，以便接收更多的光线。

美洲豹皮毛上的玫瑰花结图案

教幼崽学本领

美洲豹通常一次可生2~4个幼崽，它们会对自己的幼崽悉心照料和喂养，直到幼豹快2岁可以独立捕食，母子才会分开。在这期间，美洲豹不仅要教幼豹上树，还要教它们游泳，既能防止落入水坑，遭遇不测，还能增强肌肉力量，便于在水中猎食。

我的名片

别名：美洲虎
家族：脊索动物门，哺乳纲，食肉目，猫科
分布地区：美国-墨西哥边界到阿根廷巴塔哥尼亚一带、非洲和亚洲等地区
主要食物：鱼、水蟒、鹿、小型兽类
身长：100~150厘米
体重：55~115千克

Chapter 2

哺乳动物：可爱的精灵

长颈鹿，脖子长 Giraffe

长颈鹿是全世界最高的动物。它们体态高雅，相貌清秀，长着优美的长脖子，大而突出的双眼灵活转动，视野可达 360°。长颈鹿白色的皮肤上布满了棕黄色的斑块，相互交织成网状，看上去非常美丽。它们四肢纤长，走起路来十分优雅。

最高的“婴儿”

长颈鹿出生就有 1.5 米高，恐怕是世界上最高的“婴儿”了。在最初的 4 ～ 5 个月中，它们会被聚集到一起，由专门的成年长颈鹿来看护。大约一岁半，它们才会离开母亲独立生活。

长颈鹿宝宝

超长的舌头

长颈鹿的个子高，它们的舌头也很长。长颈鹿的舌头比一个成年人的前臂还长。这条长舌头能很轻松地卷住 2 ～ 6 米高的树枝上的叶子，再送进嘴里慢慢享用。

惊人的血压

长颈鹿的平均身高约为 5 米，当颈部高高竖起时，头部比心脏高出大约 2.5 米。为了将心脏供给的血液输送到大脑，它们就需要很高的血压。长颈鹿的血压要比人类的正常血压高 2 倍。如果把这样高的血压放到其他动物身上，这只动物肯定会因脑出血而死去。

长颈鹿的脖子是它们最强大的武器。

长颈长腿的优势

长颈鹿凭着长颈和长腿的优势，可以很容易地吃到高处的树叶。如果发现敌情，它们会迈开长腿飞奔而去，时速可达 60 千米，长脖子起着平衡和调整步伐的作用。长颈鹿的长颈和长腿还是有力的进攻和防御武器，同时也是能够起到降温作用的“冷却塔”。

护身武器

长颈鹿的长脖子由发达的肌肉支撑着，而且它们的前额有一块很坚硬的角状头盖骨，这样一来，它们的长脖子就相当于强大的铁臂，头部就成了无坚不摧的铜锤，抡动起来，谁也难以抵挡。

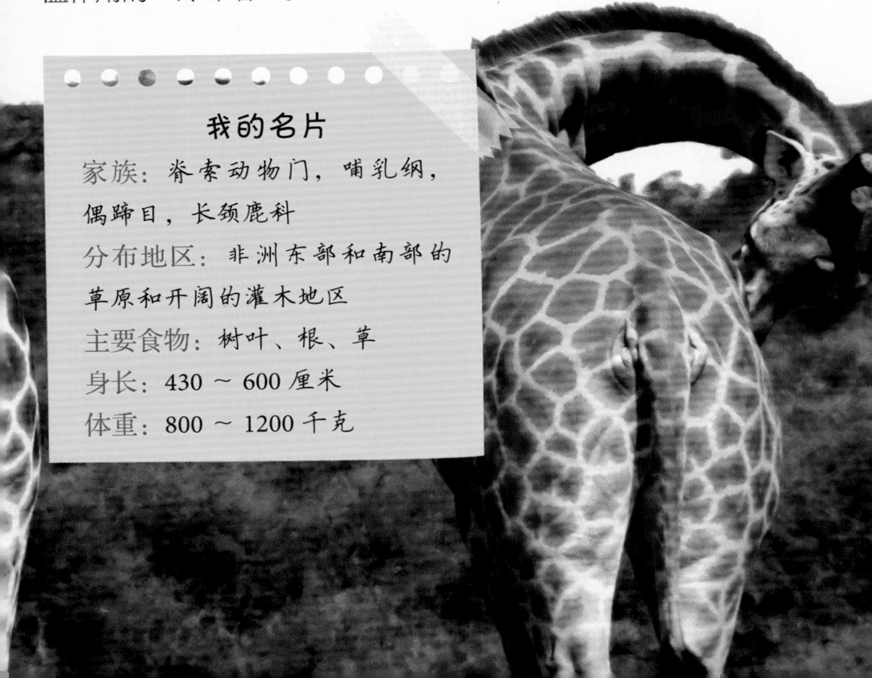

我的名片

家族：脊索动物门，哺乳纲，偶蹄目，长颈鹿科

分布地区：非洲东部和南部的草原和开阔的灌木地区

主要食物：树叶、根、草

身长：430 ~ 600 厘米

体重：800 ~ 1200 千克

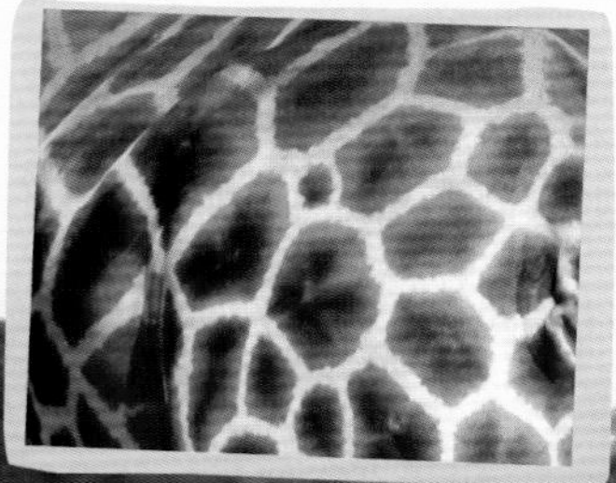

样式独特的长颈鹿花纹

吃树叶的长颈鹿

穿“条纹衫”的斑马 Zebra

斑马是一种美丽的动物，全身上下披着黑白相间的条纹。这些条纹不仅可以扰乱敌人的视线，还可以作为种族间互相辨认的标志。斑马是家族式群居生活的动物，一个斑马群通常由一匹经过格斗而取得领导地位的雄马、几匹雌马以及它们的小马驹组成。为了寻找茂盛的草地和充足的水源，斑马群会不断地迁移。

斑马喜欢生活在水域附近，条件允许的情况下，斑马每天都要喝水。

找水本领高明

水对斑马十分重要，在缺少水的地方，斑马会自己挖井找水。在所有动物中，斑马找水的本领最高明。它们靠着天生的本能，找到干涸的河床或可能有水的地方，然后用蹄子挖土，有时竟可以挖出深达1米的水井。

种类

现存的斑马有3个种类：狭纹斑马、山斑马和普通斑马。狭纹斑马生活在半荒漠地带，山斑马生活在山岳地带，而普通斑马则栖息在草原、树林、稀树草原中。

团体防御法

斑马群的头领通常由阅历丰富的雄斑马担任。遇到敌人时，斑马头领会指挥大家屁股朝外围成一个圆圈，然后猛踢后脚。这便是斑马最拿手的“团体防御法”。

为争夺配偶发生的斗争

鬃毛又短又硬。

窄窄的蹄子便于奔跑。

单调的食谱

植物不如肉类有营养，所以，以植物为食的斑马每天有60%～80%的时间都在啃食草尖。斑马长长的颈很容易伸到地面啃食草茎，长长的嘴又使它们可以用面颊边的臼齿将食物磨碎。

黑白相间的条纹

腿脚相加

斑马之间相处一般是很和睦的，很少发生冲突。只有到了发情的时候，雄斑马之间才会为了争夺伴侣而展开激烈的格斗。它们的格斗方式是踢或者撕咬，但这种情况极少发生，因为通常一个斑马家族只有一匹成年雄斑马。

我的名片

家族：脊索动物门，哺乳纲，奇蹄目，马科

分布地区：非洲

主要食物：草

身长：200~270厘米

体重：300~410千克

蹦蹦跳跳的袋鼠 Kangaroo

袋鼠是一种十分有趣的动物，在距今2500万年前就已经出现在澳大利亚了，是世界上现存最古老的动物之一。它们的头很小，长得像鹿头，耳朵和眼睛却很大，上颌长着6颗门牙，而下颌长着2颗向外突出的大门牙。这种看似温文尔雅实则强悍好斗的可爱动物受到了全世界人们的喜爱。

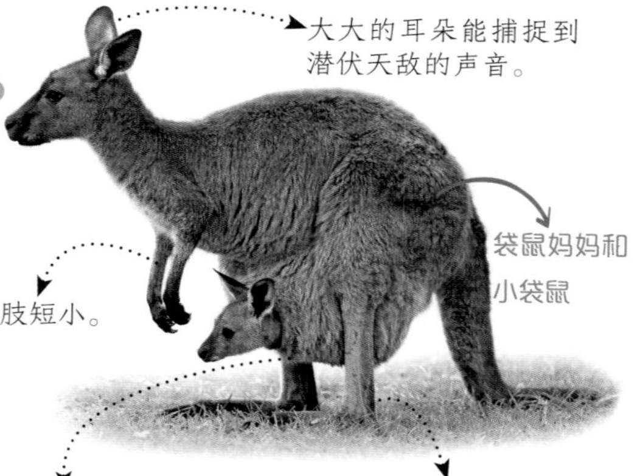
大大的耳朵能捕捉到潜伏天敌的声音。
袋鼠妈妈和小袋鼠
前肢短小。
身体下方有个育儿袋。
长长的后肢在跳跃时可推动袋鼠向前。

跳远高手

大袋鼠是世界上最大的有袋动物，蹲坐时能达到1.5米高，直起身子时高达2米。大袋鼠的奔跑速度最快能够达到每小时70千米，犹如一辆中速行驶的汽车。它们“跳远”的距离相当于两辆汽车的长度。大袋鼠的后肢非常发达，极善跳跃。它们一跳能达2～3米高，6～8米远，是一位不折不扣的跳远高手。

袋鼠跳跃时，尾巴能帮它保持平衡。

逃跑绝招

袋鼠多在夜间活动。它们胆小机警，视觉、听觉、嗅觉都很灵敏。稍有异常声响，它们那对长长的大耳朵就能听到，便于尽早逃离险境。当碰到非常强大的对手实在难以脱身时，聪明的袋鼠会突然改变方向，再用极快的速度逃跑。

我的名片

家族：脊索动物门，哺乳纲，袋鼠目，袋鼠科

分布地区：澳大利亚、新几内亚岛及俾斯麦群岛以东的岛屿新西兰

主要食物：草

身长：23.5~160 厘米

体重：约 50 千克

袋鼠奔跑速度快，遇险时，能迅速逃离。

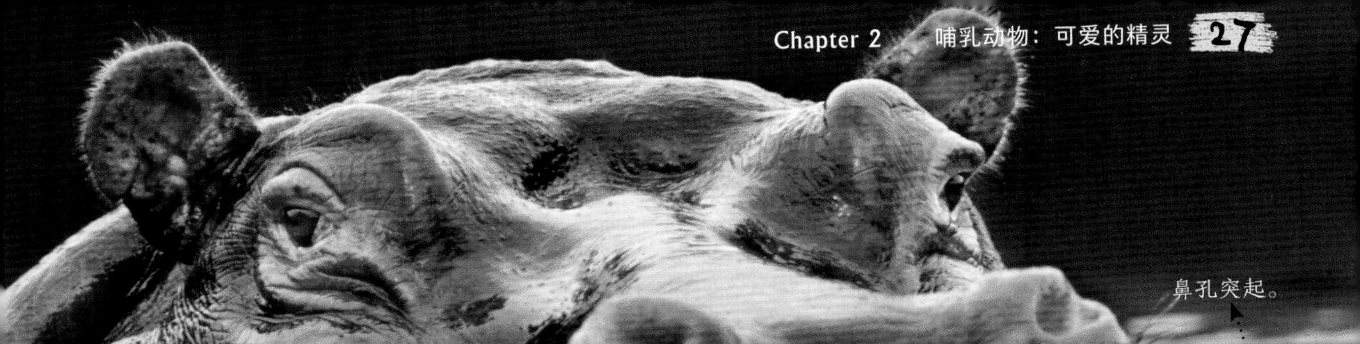

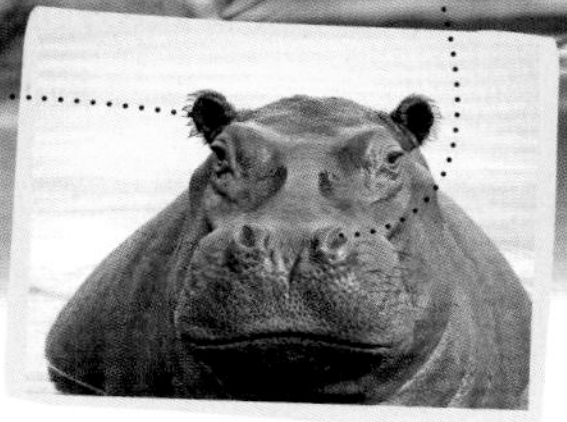
鼻孔突起。
耳朵小且能转动。

大嘴巴河马 Hippo

河马生活在非洲的大河与湖泊之中，短而粗壮的四肢支撑着浑圆笨重的桶状身体。河马身高可达1.5米，身长3~4米，体重3000~4000千克。河马皮肤光滑无毛，头很大，有一张大大的嘴巴。它们泡在水中时，只露出鼓鼓的眼睛和鼻孔，潜水时鼻孔和耳朵会自动关闭。

不怕太阳晒

太热时，胖胖的河马就将自己浸在水中；太冷时，它们就到地面上晒太阳。它们的皮下腺体能分泌红色的液体，形成一层防脱水的遮护物，起到防晒霜的作用。

大嘴巴
皮肤细腻无毛，皮下腺体能分泌液体。

河马争雄

巨大的嘴巴

河马长着一张簸箕状的血盆大口，张开时，嘴巴张合度能够达到90°，一只小动物藏在其中也丝毫不成问题。它们的嘴比陆地上任何一种动物的嘴都大，因而有人称它们是“大嘴巴河马”。

铡草机

河马不吃水藻，也不吃水中的鱼贝，它们只吃岸边的青草、芦苇等绿色植物。一到晚上，河马爬上岸，去水边或附近寻找食物。它们所到之处，就像被割草机割过一样。这样，河马在填饱肚子的同时，又去除了河岸边多余的植物，真是一举两得。

我的名片

家族：脊索动物门，哺乳纲，偶蹄目，河马科

分布地区：非洲赤道南北的河流、湖泊水草丰盛之地

主要食物：草、水生植物

身长：300~400 厘米

体重：3000~4000 千克

爱睡觉的树袋熊

Koala

树袋熊又叫考拉、无尾熊、树熊，是澳大利亚特有的珍稀动物。树袋熊身体肥硕，浑身长满浅灰色或浅黄色的毛，既柔软又厚实，仿佛穿着一件绒毛大衣。树袋熊的眼睛呈黄色，视力不佳。胖乎乎的圆脸上有一个又厚又黑、引人注目的大鼻子，再加上两只毛茸茸的大耳朵，看上去像憨态可掬的玩具熊，十分可爱。

睡觉与静坐

树袋熊很爱睡懒觉，一天至少要睡18小时。白天，树袋熊总是喜欢抱着桉树树枝睡觉。除了睡觉以外，在树上静坐也是它们的一大嗜好。树袋熊的尾巴退化成了“坐垫”，所以它们能长时间在桉树上舒适地静坐养神。

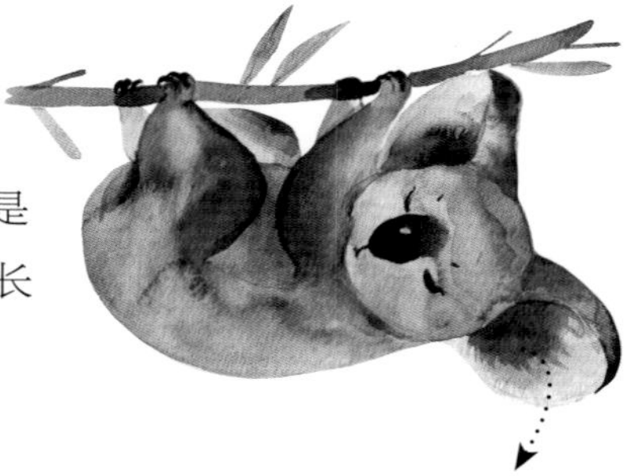

睡觉时耳朵是垂着的。

小树袋熊总是和妈妈形影不离。

贪睡的原因

树袋熊如此贪睡，是因为桉树叶所含的营养并不十分丰富。虽然它们每天能吃掉500克桉树叶，但是这点营养不足以维持它们一天的活动。为了避免体力透支，树袋熊行动缓慢，而且每天需要大量的睡眠时间。

大大的颊囊

爬树

树袋熊从小就会通过一连串的跳跃来爬树。它们的前肢有强壮的爪子可以抓住树干，以跳跃带动后肢向上爬。而它们下树的时候是倒退着的，因此总是屁股先着地。

母子情深

树袋熊母子之间非常亲密。刚出生的小树袋熊两眼紧闭，只是依靠感觉寻找妈妈的育儿袋，爬进育儿袋便寻找乳头，吮吸乳汁，促进自己发育成长。小树袋熊要在育儿袋中待八九个月才能离开育儿袋，趴在妈妈的背脊上，跟着妈妈外出觅食。直到4岁左右，小树袋熊才能够独立生活。

尾巴退化成了“坐垫”。

以桉树为家

树袋熊一生的大部分时间是在桉树上度过的。它们只有在从一棵树转移到另一棵树的时候才在地上行走。白天它们通常在树上将自己的身子蜷成一团休息，到了夜间才外出活动。

正在吃桉树叶的树袋熊

似熊非熊

树袋熊虽然长得有点儿像熊，而且名字中也有“熊”字，但其实它们并不是熊的亲缘动物，而是袋鼠的近亲。熊是有胎盘的哺乳动物，而树袋熊是有袋类哺乳动物。

我的名片

家族：脊索动物门，哺乳纲，有袋目，树袋熊科

分布地区：澳大利亚东部

主要食物：桉树叶

身长：60~70 厘米

体重：6~15 千克

树袋熊的育儿袋，袋口是朝下的。

大象，大象，鼻子长长 Elephant

象是世界上现存最大的陆栖动物。象主要有两个种类——非洲象和亚洲象。非洲象主要生活在非洲大草原，而亚洲象主要栖息在热带和亚热带森林之中。象头大，耳大如扇。圆柱般的四肢支撑着它们巨大的身体。长长的鼻子伸屈自如。被毛比较稀疏。

亚洲象和非洲象的区别

亚洲象的体形比较小，后背比较弓，耳朵也要小一些，长鼻前端只有一个指状突起。只有雄象长有长长的象牙，而雌象的牙很短或者根本没有。非洲象的体形要比亚洲象大，而且后背比较平缓，耳朵呈圆形，鼻尖上有两个巨大的指状突起。雄性和雌性都有长牙，只是雄性的长牙要长得多，一般能够达到3米。

巨大的耳朵

非洲象的耳朵比亚洲象的大，其宽度可超过1米，听觉十分敏锐。当它们的耳朵向两边张开时，能使敌人产生畏惧心理。大耳朵还能起到扇子的作用，帮助它们在炎热的季节散发热量，以保持身体的凉爽。此外，扇动大耳朵还能驱赶蚊蝇。

我爱洗澡，
身体好好……

泥巴浴

用泥巴洗澡看上去好像是“越洗越脏”，可是对于大象来说，这却是一项保持卫生不可缺少的活动。因为大象没有汗腺和皮脂腺，泥巴中水分蒸发感觉就像流汗，可以给大象带来凉爽的感觉，同时还有保养和按摩功能。泥巴浴还能驱除它们身上的寄生虫呢！

亚洲象

不管象群走到哪里，或者是遇到多么强大的敌人，母象都不会丢下小象不管。

长鼻子的功能

象的鼻子是由肌肉组成的管子，长长的，非常灵活。象鼻前端有指状突起，像人手一样，能够拾取细小的物品。象的鼻子力大无穷，拔起一棵10米高的大树、搬运1000千克重的木材丝毫不成问题。象的鼻子还可以捕捉气味，同时也是大象攻击和自卫的武器。

长长的鼻子

鼻管前端有指状突起。

雌性的统治

象群属于“母系社会”，首领由体形占优势的雌象担任，成员主要由成年象和幼象组成。首领的警惕性很高，两只特大的耳朵总是机警地扇动着，倾听、分析周围发出的各种声响。一旦首领感觉有敌情，就会发出信号，象群便迅速紧密地团结在一起，并将小象围在圈内，共同对付来犯的敌人。

大象和它的宝宝

我的名片

家族：脊索动物门，哺乳纲，长鼻目，象科

分布地区：非洲和亚洲南部茂密的丛林和热带稀树草原

主要食物：树叶、草、野果

身长：600~730厘米

体重：1900~6900千克

坏脾气的犀牛 Rhinoceros

犀牛身躯庞大，其中白犀牛是陆地上体形仅次于大象的第二大哺乳动物。犀牛的模样有点儿像牛，身躯粗壮而庞大。它们颈部很大，四肢粗短，好像4根柱子支撑着它们桶状的身体。犀牛的角和一般有角动物的角不同，不是长在头的两侧，而是长在鼻梁的正中线上，一般有一个或两个。

犀牛的种类

现今世界上共有5种犀牛，即白犀牛、黑犀牛、印度犀牛、爪哇犀牛、苏门答腊犀牛。由于人们的肆意捕杀，近年来，犀牛的数量急剧下降，所以人们加强了对犀牛的保护，现存5种犀牛中，除白犀牛、印度犀牛外，其余3种犀牛都被列入珍稀濒危动物的名单中。

白犀牛并不是白色的。

我的名片

家族：脊索动物门，哺乳纲，奇蹄目，犀科

分布地区：非洲东部、南部和亚洲热带地区

主要食物：杂草、果实、树叶、嫩枝

身长：220~450厘米

体重：2800~3000千克

最原始的犀牛

印度犀牛是一种最原始的犀牛，皮肤又硬又厚，呈深灰带紫色，上面附有铆钉状的小结节；在肩胛、颈下及四肢关节处有宽大的褶缝，使身体看起来就像穿了一件盔甲。雄性印度犀牛鼻子前端的角又粗又短，而且十分坚硬，所以人们又称它为“大独角犀牛”。

眼睛极小，且深陷在皮肤褶缝里，视力奇差。
皮肤十分厚实，能忍受荆棘灌木丛的尖刺。
角是犀牛攻击和防御的主要武器。

犀牛之霸

黑犀牛的皮肤为黑灰色，而且较光滑，嘴唇呈钩状突起，像手指一样灵活，可以把食物送进嘴里。在现存5种犀牛中，黑犀牛脾气最坏、性情最凶猛。它们非常暴躁，据说比金钱豹有过之而无不及。

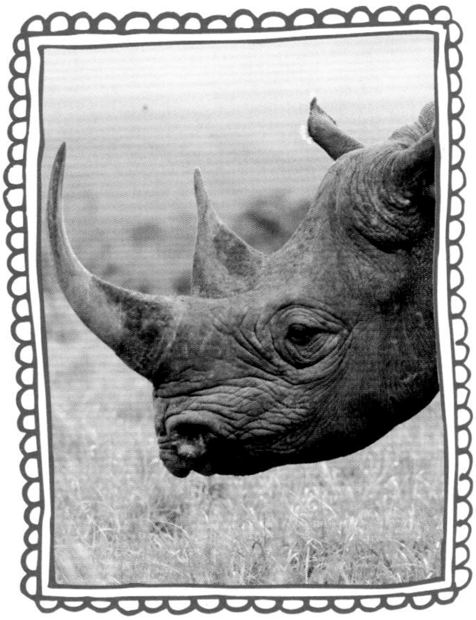

黑犀牛

印度犀牛是最原始的犀牛，现属易危物种。

爱穿“泥衣”

犀牛有一个“古怪”的习惯，每天都会去池沼或泥塘中洗澡，在泥水中翻滚搅动，从而使全身涂上一层厚厚的泥浆，而且涂一次晒一次太阳，直到“泥衣”达到6～9厘米厚为止。犀牛的“泥衣”具有妙用。犀牛体表褶缝里的肌肤十分娇嫩，而且血管和神经分布丰富，常常遭虫子叮咬和寄生虫吸血，使得犀牛痛痒难忍，而“泥衣”正好起到保护的作用，并且“泥衣”还可以遮挡阳光的暴晒。

犀牛和小鸟

犀牛之王

白犀牛的嘴又大又方，所以又叫“方吻犀牛”。白犀牛是5种犀牛中个头最大的，身长可达4米多。它们的皮肤是淡灰色的，比黑犀牛的体色略浅一些。它们的性情比较温顺，行动较迟缓。

聪明的黑猩猩 Chimpanzee

黑猩猩每天都会筑一个新巢，以供晚上睡觉。

黑猩猩是与人类亲缘关系最近的动物。黑猩猩的智商很高，科学家们普遍认为黑猩猩的智商仅次于人类。黑猩猩的身材比猩猩、大猩猩都小，全身除了胸部外，都披着黑色或棕色的毛，身体和脸部的皮肤为灰褐色，但幼年的黑猩猩脸部为粉红色或白色。黑猩猩大多生活在非洲的雨林深处和宽阔的草原上。

我的名片

家族：脊索动物门，哺乳纲，灵长目，猩猩科

分布地区：非洲的热带雨林及稀树草原

主要食物：果实、昆虫、鸟类

身长：70~92.5厘米

体重：45~80千克

使用石块工具的黑猩猩

森林群居者

黑猩猩喜欢成群居住在一起，形成一个团体。整个团体并不经常在一起，而是每8只左右形成小组一起活动。各个团体之间往往互怀敌意，首领会以凶狠的方式保卫自己的领地，防止对手入侵。

语言交流

黑猩猩能通过面部表情、身体姿势和各种各样的声音（如尖叫声、呵斥声、咕哝声和吼叫声）进行交流。它们兴奋时会站直、跺脚、摇摆或发出一串尖叫声，生气时会瞪眼，而在害怕时会露出一副凶相。

钓蚁取食

黑猩猩喜欢吃白蚁，它们会找来一根小树枝，插进蚁穴去钓白蚁。如果找到的小树枝不够理想，它们还会对小树枝进行加工——用手和牙齿把小树枝上的细枝和叶子去掉，这样用起来就更方便了。

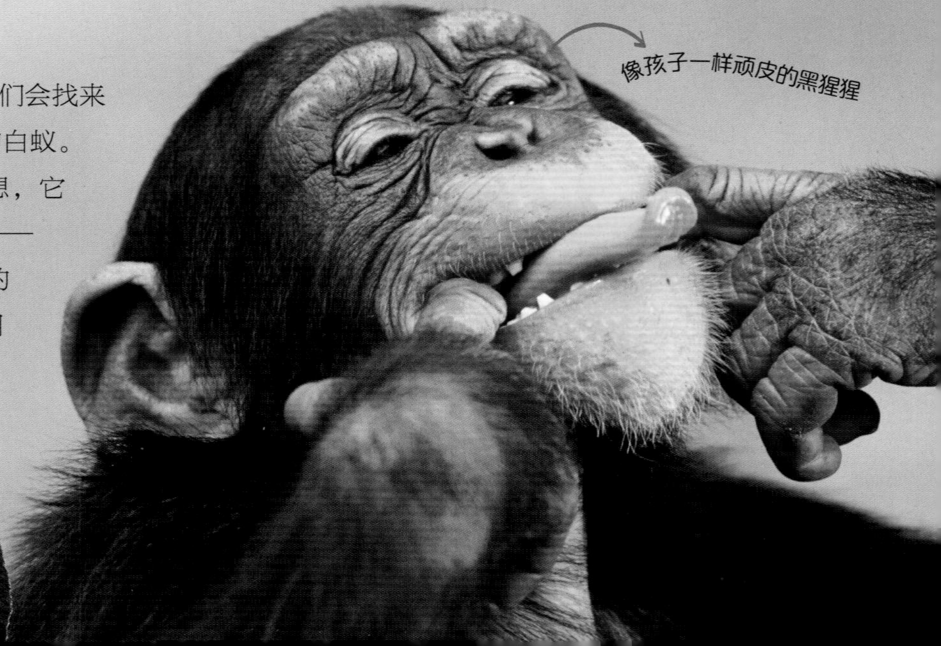

像孩子一样顽皮的黑猩猩

守规则的狒狒 Baboon

狒狒是非洲热带草原最著名的猿猴类动物。它们有大大的头、用于储存食物的颊囊、长长的像狗一样的嘴巴、细而弯曲的尾巴和粗壮的四肢。成年雄性狒狒的体形是雌性的2倍，肩部覆盖着长长的毛，远远望去像渔翁的蓑衣。狒狒主要生活在地面上，靠四肢行走。全世界共有5种狒狒，分别是阿拉伯狒狒、东非狒狒、草原狒狒、豚尾狒狒和几内亚狒狒。

好奇的狒狒

狒狒喜欢群体生活。

等级分明的群体

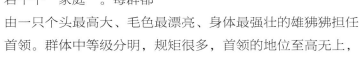

狒狒喜欢群体生活，一群往往有几十只到上百只成员，其中包含若干个“家庭”。每群都由一只个头最高大、毛色最漂亮、身体最强壮的雄狒狒担任首领。群体中等级分明，规矩很多，首领的地位至高无上，它只要低吼一声，其他狒狒立刻俯首听命。不过，首领也肩负着保护整个群体安全的重任，每次出行，首领都要在队前领路。

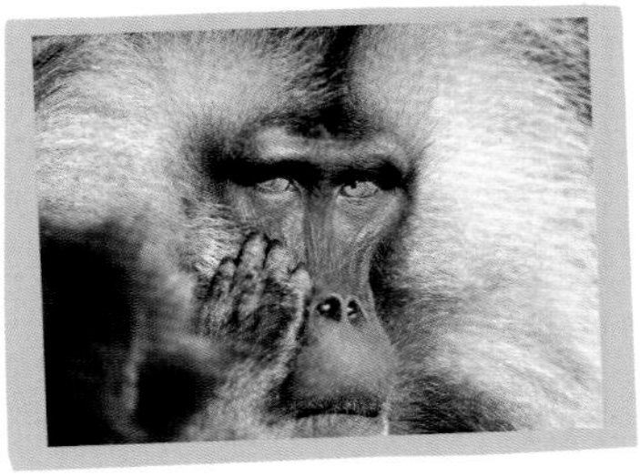

狒狒

固定的路线

清晨，每个家族的狒狒都会沿着一条固定的路线出去活动，晚上又都回到固定的树林里睡觉。但它们保持固定不变的路线是一件很危险的事情。当狮子和巨蟒知道了它们的固定行程后，会设下埋伏，以逸待劳。因此，狒狒每次行动都不得不小心谨慎，以躲避敌人。

聪明的狒狒

狒狒会使用工具。狒狒在吃完食物后，有时会拿石块或玉米芯等东西来擦自己的嘴巴和鼻子。狒狒甚至还会看管羊群。非洲西南部曾有一个农民利用狒狒来看管羊群，它们不仅会阻止羊走失，而且还会抱起小羊羔，小心翼翼地送到羊妈妈身边去吃奶。

我的名片

家族：脊索动物门，哺乳纲，灵长目，猴科

分布地区：非洲及阿拉伯半岛有岩石的干燥草原和半沙漠地区

主要食物：果实、蔓生植物、小动物

身长：50~110厘米

体重：11~38千克

像狐又像猴的狐猴 Lemur

狐猴是一种低等的原猴类动物，主要生活于非洲岛国马达加斯加，极为珍稀。狐猴长着一双前视的眼睛，在爬树或跳跃时能准确判断距离。此外，它们还有像狐一样的鼻子和极灵敏的嗅觉。它们的身体像猴，长着抓握能力很强的手指和足趾。

环尾狐猴在捉蜻蜓。

我的名片

家族：脊索动物门，哺乳纲，灵长目，狐猴科

分布地区：马达加斯加干燥、多岩石的地区

主要食物：树叶、果实

身长：6~60厘米

体重：30~7300克

大狐猴

臭液的妙用

狐猴能分泌一种臭液，用来作为自己路标和领地的记号，还可用作攻击对手的武器。当遇上敌人时，它们就用臭液来自卫或是进攻。

多功能的尾巴

狐猴高高翘起的尾巴是它们交流的主要工具。当它们在大树上直立行走或是从树上跳下时，尾巴还可以调节身体平衡。

环尾狐猴在地面上行走时，总是把尾巴高高翘起。

环尾狐猴

现存的狐猴有58种，其中环尾狐猴是最著名的。环尾狐猴不仅体形像猫，而且还会发出像猫一般“咪咪”的叫声，因此又叫“猫狐猴”。它们最引人注目的特征就是高高翘起的尾巴上有黑白相间的环状花纹。

玩闹的环尾狐猴

金丝猴 Golden Monkey

金丝猴有5种：川金丝猴、滇金丝猴、黔金丝猴、越南金丝猴和怒江金丝猴。其中前3种是中国特有的，第4种生活在越南，第5种分布在中国云南和缅甸东北部。金丝猴性情温和，动作优雅。它们常常数百只聚集在一起，拖儿带女，前呼后拥，神态自若地穿梭在茫茫林海之中。

金丝猴生活在海拔2000～3000米的山地森林里。

金色外袍

川金丝猴长着一个朝天鼻，所以人们又称它为“仰鼻猴”。川金丝猴有着蓝色的脸庞、蓝色的嘴唇，天蓝色眼圈有点儿凹陷。它最引人注目的是一身金黄色的长毛，在阳光的照射下金光闪闪，好像穿着一件金色的大衣。

川金丝猴

最不怕冷的金丝猴

滇金丝猴身披黑色的长毛，长着白色的小脸，粉红色的嘴唇好像涂了口红一样，是唯一能生活在海拔3000米、寒冷高山上的金丝猴。

滇金丝猴

食物多样

金丝猴喜欢吃树叶、嫩枝、花果以及树皮和树根，也吃昆虫和鸡蛋，甚至会吃鸟肉。

我的名片

家族：脊索动物门，哺乳纲，灵长目，猴科

分布地区：中国西南部地区、越南、缅甸

主要食物：树叶、果实、小昆虫、鸟和鸟蛋

身长：50~83 厘米

体重：8~20 千克

沙漠之舟——骆驼 Camel

沙漠中行走的骆驼

骆驼身材高大，头小，耳短，颈部较长，上唇中央有裂口，鼻孔内有瓣膜可以防风沙，背部有一个或两个驼峰，尾巴较短，四肢细长，脚掌下有宽厚的肉垫，全身长着细密而柔软的绒毛，毛色多为淡棕黄色。世界上有2种骆驼，即单峰驼和双峰驼，它们生活于戈壁荒漠地带，性情温顺，奔跑速度较快且持久性强，能耐饥渴、冷热，有“沙漠之舟”的美称。

单峰驼

驼峰是骆驼的能源仓库。
上唇有裂口，因此骆驼可以吃带刺的植物。
皮毛可以隔热或保暖。
前腿长，后腿更长。
膝部和胸部都长有胼胝，骆驼休息时用这些胼胝接触地面。
蹄底部有富有弹性的肉垫。

单峰驼和双峰驼

单峰驼的背上只有一个驼峰，双峰驼的背上有两个驼峰。双峰驼的行进速度仅为每小时3～5千米，但驼队中的双峰驼与单峰驼相比，能更长时间地负重，通常情况下每日可行进50千米。与双峰驼相比，单峰驼腿更长，躯体更轻，毛更短。单峰驼行进的速度能保持每小时13～16千米，而且能坚持18小时之久。

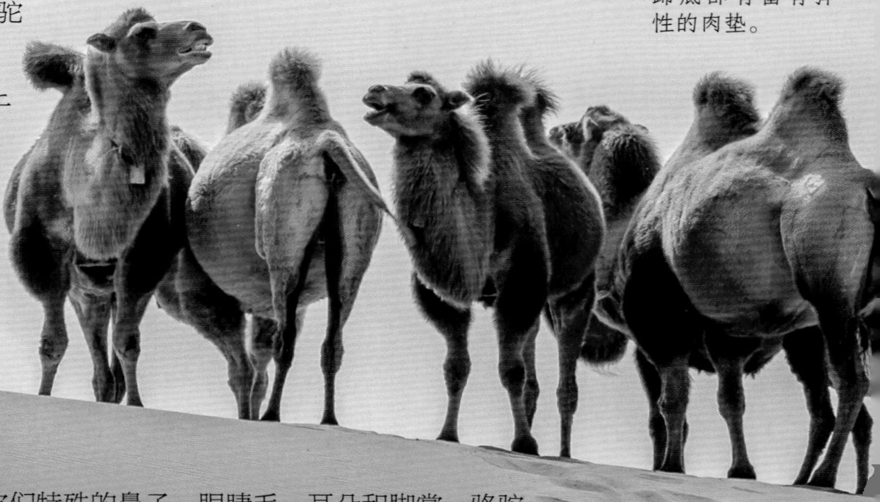

不怕风沙

骆驼不怕风沙，这要归功于它们特殊的鼻子、眼睫毛、耳朵和脚掌。骆驼鼻孔里面长有瓣膜，能随意开闭。双重的眼睫毛能将沙子挡住，防止其吹进眼里。耳朵小而圆，里面有浓密的细毛，也可阻挡风沙。脚掌下宽大且富有弹性的肉垫不仅可以隔热，而且可以使蹄子不陷入沙土中。

双峰驼十分耐饥渴，它们可以10多天不喝水。

预知天气

骆驼的视觉和嗅觉十分灵敏，不仅能察觉远处的水源，而且还能预知风暴。每当风暴来临之前，骆驼就会伏下不动。在沙漠里行走的人见此情景就知道将有风暴来临，需要立即做好预防准备。

骆驼的双重睫毛可以有效地阻挡风沙。

能源仓库

骆驼背上的驼峰里面储存着大量脂肪，当食物匮乏的时候可以提供能量，产生水分。有了这个“能源仓库”，骆驼在平时食物丰富时可以储存大量脂肪，而在干旱的沙漠中长途跋涉时，就可以几天不进食、不饮水。

节水装置

骆驼之所以非常耐旱，主要是因为它们有特殊的“节水装置”。它们体表少量的汗腺可以减少水分流失。更重要的是，它们血液中呈椭圆形的红细胞非常小，且数量很多，可以大幅膨胀吸水、贮水，防止骆驼在体温升高时血液变浓，从而使它们能够适应干旱的沙漠生活。

参加选美大赛的骆驼

我的名片

家族：脊索动物门，哺乳纲，偶蹄目，骆驼科

分布地区：北非、中东、亚洲中部

主要食物：灌木枝叶、多刺植物和干草

身长：约3米

体重：约500千克

圣诞老人的坐骑——驯鹿

Reindeer

驯鹿并不是人工驯化出来的鹿，之所以给它们起这个名字，是因为它们很温驯，是人类的好朋友。驯鹿是喜欢极地附近严酷气候的少数几种动物之一。它们的双层皮毛很厚，能有效地抵御严寒，四肢长而有弹性，适于踏雪行走和长途迁徙。它们常常成群结队地生活在一起，群体的大小会随季节的变化而有所改变。

雄驯鹿都有长角，但每只驯鹿角叉的形状和大小都不同。

我的名片

家族：脊索动物门，哺乳纲，偶蹄目，鹿科

分布地区：亚欧和北美大陆北部及一些大型岛屿的森林、沼泽地

主要食物：石蕊、问荆、蘑菇及木本植物的嫩枝叶

身长：150~230厘米

体重：100~140千克

我们每年都拉着圣诞老人去送礼物。

与蚊虫赛跑

夏天一到，成群的蚊虫便闻风而至，吸食驯鹿的血液。为了摆脱这些讨厌的蚊虫，驯鹿群不得不以每小时50千米的速度从山脚向山顶奔跑，躲避蚊虫的叮咬。

秋天，驯鹿在草地上寻找美味。

惊人之举

驯鹿最惊人的举动，就是每年一次的大迁徙。每到春天，它们便离开越冬地，举家北上。迁徙的队伍中，雌鹿打头阵，雄鹿紧随其后，秩序井然。一路上，它们脱去厚厚的“冬装”，换上清爽的“夏装”。迁徙的路程长达数百千米。

美食节的决斗

9月中旬，辽阔的冻原长着多汁的草、各种口味的草莓，以及这个季节的最佳食物——蘑菇，这些美味让驯鹿个个长得膘肥体壮。这时也是驯鹿的交配季节。发情的雄鹿为了夺得雌鹿的欢心，会用尖锐的角撞击、厮杀，直到打败对手为止。

迁徙的驯鹿群

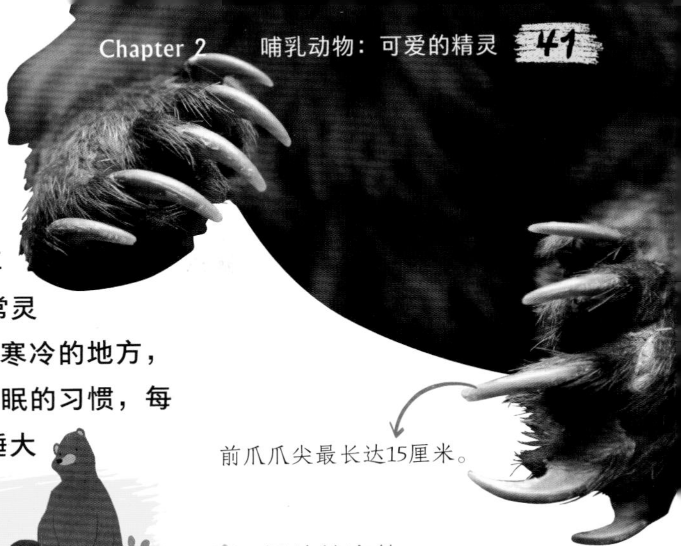

前爪爪尖最长达15厘米。

棕熊来了 Brown bear

棕熊是高大强壮的哺乳动物。它们的眼睛和耳朵都很小，视力和听力非常微弱，但它们的嗅觉异常灵敏，因此它们主要靠嗅觉来觅食。棕熊居住在比较寒冷的地方，身体上覆盖着厚厚的毛，可以抵御风寒。棕熊有冬眠的习惯，每年的10月到次年开春这段时间，它们都在洞穴里睡大觉，偶尔阳光灿烂时，它们也会出洞伸伸懒腰。

棕熊高大强壮，
喜欢独来独往。

全能型的动物

棕熊是大型肉食动物。它们是一种会跑、会爬、会游泳、会挖洞的全能型动物。它们还可以跳跃，但沉重的身体阻碍了这一能力的发展。虽然它们常常用后脚站立，但走路时仍然是用四肢着地。

好斗的家伙

别看棕熊好像憨态可掬，但它们却是相当好斗的动物。为了保护自己的领地，棕熊会毫不客气地把闯入的不速之客赶走。

一山容不得二熊。

细心的妈妈

棕熊妈妈对宝宝的照顾真可谓无微不至。为了方便舔舐，棕熊妈妈会把小棕熊放在手掌中。在小棕熊睡觉的时候，棕熊妈妈会用一只脚挡住，让它们靠在自己的胸部，这样，小棕熊便可以舒服地躺在自己厚密的皮毛里。小棕熊经常在棕熊妈妈睡觉的时候吃奶，棕熊妈妈照样不厌其烦地醒来照顾它们。有时棕熊妈妈还会把它们放在自己的体侧，使它们更容易吃到奶。奇妙的是，看上去非常笨重的棕熊妈妈从来都不会压到自己的宝宝。

我的名片

家族：脊索动物门，哺乳纲，食肉目，熊科

分布地区：亚洲、欧洲及北美洲

主要食物：植物、蜂蜜、鱼、兽类

身长：150~470厘米

体重：60~780千克

黑眼圈的大熊猫 Panda

大熊猫是中国的特产动物，也是世界上最珍稀的动物之一。它们的头又大又圆，躯干和尾巴呈白色，好像穿了一件白毛衣；眼睛周围为黑色，像戴了一副眼镜。大熊猫栖息在山地竹林内，主要以竹子为食。它们依然保持着几百万年前的古老特征，因而被誉为“活化石”。

熊猫生活在密林当中。

大熊猫的祖先

大熊猫已有七八百万年的沧桑历史。它们的祖先叫始熊猫，生活在几百万年前炎热潮湿的森林里，与森林古猿是一个时代的动物。后来始熊猫又进化成了小型大熊猫，它们的躯体是现存大熊猫的一半左右。

偏食

大熊猫栖息的林子里其实有几十种竹子，但它们只爱吃略带甜味的冷箭竹和箭竹，对味道比较苦涩的竹类不感兴趣，有些偏食。

大熊猫99%的食物都是竹子。

大熊猫擅长爬树，而且喜欢待在树上。

竹林里的游民

大熊猫没有固定的巢穴，它们独自在树林里边走边吃，四处游荡。有时在大树下或竹林内卧睡，有时快速而灵活地爬上高大的树木。它们的游泳本领也不错，能安全地泅（qiú）渡湍急的河流。

悠闲的生活

大熊猫的消化吸收能力很差，加上竹叶的营养也很少，它们不得不尽量减少活动，节省能量。在人迹罕至的高山深谷密林中，它们总是寻找最近的食物和水源，并不会跑得很远，悠闲平静地生活着。

我的名片

家族：脊索动物门，哺乳纲，食肉目，熊科，大熊猫亚科

分布地区：中国四川、甘肃、陕西的部分山区

主要食物：箭竹

身长：120~150厘米

体重：50~80千克

谈婚论嫁

到了繁殖季节，雌雄大熊猫便在茂密的竹林中高歌“恋曲”，并循着对方发出的气味找寻而来。往往是数只雄性熊猫同时来到一只雌性熊猫身边，这时，雄性熊猫之间便要经历一番搏斗才能获得与雌性熊猫交配的权利。

爱偷盗的浣熊 Raccoon

尾巴上有 5 ~ 7 个黑白环纹

浣熊的毛很长，眼睛周围是黑色的，看起来好像戴着面具。浣熊擅长爬树，大多在夜间活动，利用视觉和灵敏的嗅觉来觅食。它们的爪子很灵活，能够捡拾、抓取东西。浣熊的适应能力很强，它们不仅在林地生活，而且还学会了如何在人类居住的地区生活。浣熊常常“洗劫”垃圾桶，偷食人们储藏的食品和地里的农作物，并且还留下残屑碎片的痕迹，因而被人们称为“强盗”。

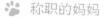

浣熊的巢穴一般都建在树上

聪明的动物

浣熊的聪明才智表现在觅食上。在捕猎树鬣蜥时，它们常常分成两队，一队爬上树把瞌睡中的树鬣蜥吓到树下来，另一队就守候在地上将其逮住。浣熊还会偷偷地溜进果园，爬上树拼命摇动果树，使成熟的果子统统落到地面，然后大家共享美餐。有时候，它们还跑到浅水里，用脚踏出水坑，将鱼赶进去，然后捉鱼吃。

浣熊每个季节吃的食物不同，它们最喜欢吃坚果和鱼。

称职的妈妈

浣熊妈妈常常靠在树边，一边给小浣熊喂奶，一边给它们轮流梳理体毛。浣熊妈妈除了哺育自己的孩子外，也会照料那些失去父母的“孤儿”。浣熊妈妈带领孩子们外出游玩时，如果遇上敌人袭击，就会像猫一样，把宝宝衔在嘴里逃走，或者是猛击小浣熊的臀部，促使它们快快爬到树上躲避。当被敌害追得走投无路时，浣熊妈妈就铤而走险，与敌害搏斗，以保护自己孩子的安全。

我的名片

家族：脊索动物门，哺乳纲，食肉目，浣熊科

分布地区：美洲

主要食物：鱼、青蛙、蜥蜴、虾、野果

身长：65~75 厘米

体重：7~9 千克

前后脚有5趾，脚趾是分开的，可以抓东西。

学习摸鱼

小浣熊长大一些的时候，浣熊妈妈会把它们领到浅水潭中，教授摸鱼的技巧。有时它们还会学着妈妈的样子，用脚在浅水里踏一个坑，将鱼赶进去，然后捉鱼吃。小浣熊就是这样慢慢学会捕食的。

天生的“刺头”——刺猬 Hedgehog

刺猬个头较小，有着圆滚滚的身体，头小，脸尖，尾巴短小或根本没有，背部和头顶上覆盖一层短而无倒钩的浓密的刺。当它们受到威胁时，会蜷成一团，像个刺球。刺猬幼崽出生时什么也看不见，身上的棘刺像软橡皮一样贴在淡粉色的皮肤上，但在几小时后，这些刺就都竖起来了。出生11天后，小刺猬才能蜷曲身体。

刺猬生活在灌木丛中。

自卫方式

刺猬遭遇突然袭击时，第一反应是逃跑。如果来不及，它们会在不到3秒的时间内，就将脑袋、尾巴和爪子缩进背部皮肤形成的保护外壳中，这样根根尖刺竖立起来，形成一个刺球。一旦危险过去，刺猬立即展开身体，逃向最近的隐蔽处。

正在吃浆果的小刺猬

杂食家

刺猬是名副其实的杂食家。它们的食物丰富多样，包括各种无脊椎动物（如毛毛虫、蚯蚓等）、各种昆虫及幼虫、蜈蚣、蜘蛛，还有禽蛋、雏鸟，以及蟾蜍、青蛙和老鼠等，甚至还吞吃死尸。刺猬信奉“守株待兔”的原则，它们从来不去追逐猎物，只满足于送上门来的美味。它们的食量大得惊人：在几小时之内能消化80多只鞘翅目昆虫或蚯蚓。

我的名片

家族：脊索动物门，哺乳纲，食虫目，刺猬科

分布地区：亚洲、欧洲、非洲的森林、草原和荒漠等地

主要食物：昆虫、幼鸟、蛙、鸟蛋

身长：20~25 厘米

体重：约 280 克

冬泳健将北极熊 Polar bear

北极熊属于熊科半水栖动物。它们的头部较小，耳小且圆，颈细长，足宽大，肢掌多毛，除保暖外，还有助于在冰上行走。北极熊全身覆盖着厚厚的、雪白的毛，同北极的冰雪融为一体，是它们很好的伪装。北极熊生活在冰冻荒凉的北极地区，行动迅速，活动范围很大，常见于离陆地和浮冰几十千米以外的水中。

我的名片

家族：脊索动物门，哺乳纲，食肉目，熊科

分布地区：北极地区

主要食物：海豹、海象、北美驯鹿

身长：220~280厘米

体重：410~790千克

白色多用服

北极熊全身长满了透明的毛，映着冰天雪地，看起来一片雪白，像一件多功能服装，既可作为密实的防水服，又可作为保暖的绒大衣，可以起到御寒的作用。另外，洁白的颜色也起到了掩护自己的作用，便于它们在白茫茫的冰天雪地上捕猎。不过，别看它们的外表看上去是白色的，皮肤却是黑色的。

“育婴室”的“空调”

整个冬季，北极熊妈妈都与小北极熊待在“育婴室”——雪洞里。北极熊妈妈为了不让冰雪沾到小北极熊的皮肤，常常将它们放在自己的大爪子上，用颈部绒毛盖着，还不停地向小北极熊吹热气，简直像天然的暖风空调。

耳朵
耳朵上也覆盖着绒毛，防止热量散发。
眼睛
眼睛长在眉骨上，能够较好地判断距离和地形。
北极熊
鼻子
鼻子特别灵敏，是犬类的7倍，可以嗅到几千米以外的猎物。
脚
每只脚都有5个不能伸缩的爪，便于捕猎。
皮毛
皮毛长而密，皮下有厚厚的脂肪层，可以有效地抵御严寒。

北极熊把家安在北冰洋的浮冰和岛屿上。

身体强壮的北极熊

海上大力士

北极熊用后腿站起来跟大象差不多高。它们的力量极大，对付100千克重的海豹，常常像老鹰捉小鸡一样，把它们从冰洞中拖出来，肥大的熊掌能将海豹的脑袋拍碎。

冬泳健将

北极熊是不折不扣的冬泳健将，能一口气在北极冰冷的海面上游40千米。北极熊的大前爪最适合用来划水，它们的脖子比其他种类熊的脖子长，便于在游泳时将头和肩膀露出水面。

北极熊擅长游泳，一次最远可游约 680 千米。

冰上“华尔兹”

科学家发现，北极熊喜欢“格斗游戏”。游戏的双方一般个头相仿。在嬉戏时，它们喜欢互相拥抱，在雪地上跳“华尔兹”。有时它们也站起来互相挥拳推搡，直到筋疲力尽时，它们才伸展四肢仰卧，或蜷缩身体呼呼大睡。

快乐的一家

刚刚出生的小北极熊什么都不会，北极熊妈妈便带着它们到大海里游泳、偷袭水中的海豹。北极熊甚至还带着孩子在冰雪覆盖的斜坡上练习滑冰，一连玩上几小时也兴致不减。真是其乐融融的一家子。

快乐的北极熊一家

跳“华尔兹”的北极熊

赤狐 Red fox

赤狐是最常见的狐狸。一直以来，赤狐都被视为诡诈、狡猾的形象，也是很多童话故事的反派角色。但事实上，赤狐并不像人们印象中的那么阴险、狡诈。赤狐具有长的针毛和柔软纤细的下层绒毛，通常体毛呈浓艳的红褐色，因此得名赤狐。它们的尾巴蓬松，尾梢呈白色，耳和腿为黑色，耳朵很尖，长相和犬相似。它们的肛部两侧各生有一腺囊，能施放奇特臭味。

灵活的耳朵能对声音进行准确定位。
当赤狐猛扑向猎物时，毛发浓密的长尾巴能帮助它们保持平衡。
赤狐嗅觉灵敏。
修长的腿使赤狐能够远距离快速奔跑，最高时速可达50千米。
尾尖的白毛可以迷惑敌人，扰乱敌人的视线。
赤狐

机灵的赤狐

面对强大敌人的追击时，一般的动物会没命地逃跑，而赤狐却会一边逃跑，一边观察四周环境，并想办法脱身。如果是在寒冷的冬季，赤狐一旦发现附近有结薄冰的小河，它们就会毫不犹豫地沿河道快跑，然后突然一个急转弯，这样，后面的追赶者就会因来不及“刹车”而掉进冰冷刺骨的河水中。

打闹的小赤狐

从幼年到成年

初生的幼赤狐皮毛又黑又短，身体软弱无力，喜欢在洞口晒太阳。它们生长的速度很快，一个月左右体重就会达到1千克，可以到洞外活动。小家伙们常嬉戏打闹。在打闹中，它们锻炼了体格，掌握了初步的闪躲技巧。半年以后，长大的幼崽便离开母亲，开始独立生活了。

水边捕鱼的赤狐

为赤狐平反

赤狐狡猾的名声大概来源于人们对它们的不信任，因为它们总是偷偷地以计谋获取食物。实际上，它们这样做是谋生的需要。它们非常机敏，而且富有耐心，会想尽办法来捕捉猎物。赤狐吃为害农田的害鼠，如田鼠、黄鼠、仓鼠等，也捕食野兔、小鸟、昆虫等。所以，赤狐对农业生产是有保护作用的。然而在过去的几个世纪里，赤狐却遭到了人类的滥杀。

赤狐记忆力很强，听觉、嗅觉都很发达，行动敏捷且耐力持久。

毛色

我们通常看到的赤狐的毛色为红褐色，但其实赤狐的毛色也会因地域的不同而有所变化，如黑狐、银狐和叉纹狐等，它们都属于赤狐的一种，只是毛色有差别而已。黑狐主要生活在北美洲北部及西伯利亚，银狐生活在加拿大及西伯利亚，叉纹狐生活在北美洲和西伯利亚。

赤狐常常把捕到的猎物统统杀掉，从不放生，有点儿“凶残”。

熟睡的赤狐

我的名片

家族：脊索动物门，哺乳纲，食肉目，犬科

分布地区：亚洲、欧洲、北美洲等地

主要食物：鼠类、野禽、鸟卵、果实等

身长：约80厘米

体重：4~6.5千克

雪精灵北极狐 Arctic fox

北极狐生活在冰封雪覆、气候寒冷的北极地区。在亚欧大陆和北美大陆的苔原地带生活的叫白狐；生活在西格陵兰岛等海边的北极狐，毛色是终年不变的浅蓝色，被称为蓝狐。北极狐主要捕捉旅鼠和田鼠吃，饥饿时也吃些植物果实，如浆果等，甚至动物尸体也不嫌弃。

多变的饮食习惯

北极狐的适应性非常强，可以毫不费力地改变饮食习惯。北极狐通常以小型的啮齿类动物或者以在巢穴中找到的其他动物的蛋为食，它们也吃鱼类和那些被海水冲上岸来的动物尸体。而在冬天，当食物缺乏时，北极狐便会尾随在北极熊的身后，吃它们留下的剩肉。

冬天，北极狐换上了雪白的“衣服”。

银色的精灵

和赤狐相比，北极狐的体形较小，身材略胖，嘴巴、耳朵和四肢都很短小。在寒冷的冬天，它们的毛是雪白的，而到了夏季，它们的毛就变成了灰黑色。北极狐的抗寒能力非常强，能在-50℃的环境里生活。它们的脚掌上长着长毛，所以，即使在冰面上行走也很平稳，从不打滑。

我的名片

家族：脊索动物门，哺乳纲，食肉目，犬科

分布地区：北极

主要食物：鱼、虾、鸟类、小型啮齿类动物

身长：50~75厘米

体重：3.1~3.8千克

爱家的狐

北极狐的巢一般建在丘陵的土坡上。在暴风雪肆虐的冬天，它们待在温暖的家里几天也不出来。它们很爱惜家，年年都要维修扩建巢穴，以便长期居住。

聪明的北极狐的巢穴有好几个出入口，它们把食物都储存在巢穴里。

Chapter 3

奇妙的昆虫世界

什么是昆虫 Insect

蝴蝶

在4.8亿年前，昆虫就已经在地球上生存了。它们繁殖力强，所需食物也不多，所以踪迹遍布全世界的水、陆、空各种环境。昆虫通常有2对翅和3对足，体表有坚硬的骨骼，以保护柔软的体内器官不受伤害。幼体在生长发育过程中有变态发育现象。

金龟子

①蝴蝶挑选合适的可供食用的植物，然后将卵产在上面。
在几个星期内，毛虫会成百倍地生长。
②毛虫从卵里孵化出来，以叶子为食。经过几次蜕皮后，毛虫越长越大，为变成蛹打下基础。
蛹可以伪装成一片树叶。
用丝茧把自己固定在一个地方。
③蛹表面上很安静，其实内部正在进行着激烈的运动。毛虫的器官在逐渐变成蝴蝶的器官。
拍动翅膀，开始飞行。
翅膀上有尾状突起。
④蝴蝶破茧而出，张开潮湿而褶皱的翅膀。等翅膀晾干后，蝴蝶便可以在空中翩翩起舞了。

变态发育

昆虫从卵到成虫，形体要经过许多变化。比如，蝴蝶一生经过4个时期，即卵、幼虫、蛹和成虫，这叫完全变态发育；蝗虫和蚱蜢只经过3个时期，即卵、若虫和成虫，这叫不完全变态发育。

宽大的翅膀在不用时就叠放在腹部
胸部有骨板保护
头
足

蚱蜢的成长需要经历一个不完全变态过程。

身体结构

昆虫的身体可分为三个部分：头、胸和腹。头部有1对触角，通常有1对复眼和1～3个单眼，各种类型的口器；胸部由3节组成，每节都有1对足，中胸和后胸各有1对翅；腹部为10～11节，末端有肛门及生殖器。

顽强的生命力

昆虫耐饥饿、严寒、高温和干旱。臭虫吸一次血后，可活280天；在浅土中过冬的昆虫幼虫或蛹，天气转暖即可苏醒，继续生活并繁衍后代。多种害虫可忍耐45℃高温达10小时而不死。

臭虫

蚂蚁的脚底长着极细的毛，所以它们就算大头朝下爬行，也不会掉下去。

蚂蚁

伪装大师

昆虫具有非常复杂的变态、模仿、拟态等防御保护行为，使它们的种族得以延续。枯叶蝶落在地上像一片枯叶，竹节虫抱在竹子上像一截竹枝，孑孓（jié jué，蚊子的幼虫）生活在水中躲避蚊子的天敌。

蝗虫

毛毛虫

不倦的飞行

昆虫不仅善于爬行和跳跃，还能借助风力和气流进行远距离迁移。成年飞蝗每天可轻松飞行约130千米；小麦黏虫的成虫，每次可持续飞行七八个小时而不着陆。昆虫借助天气条件，扩大了它们的生存领地。

蚱蜢

昆虫的感官

Sense organ

昆虫的体形很小，脑不发达，但它们拥有比其他许多大型动物甚至人类更灵敏的感觉。它们可以看到人眼看不到的光线，听到人耳听不到的声音，还可以嗅到几千米以外的气味。昆虫与其他动物一样，具有五大主要感觉——视觉、听觉、嗅觉、触觉和味觉的器官。

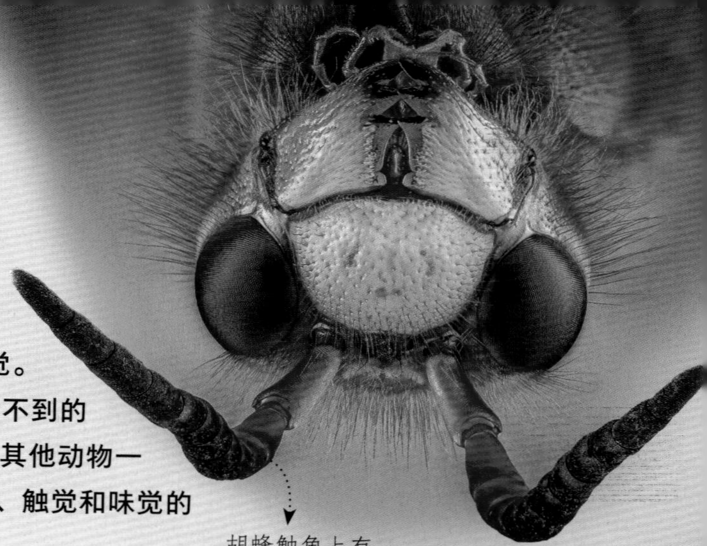

胡蜂触角上有细细的毛。

多功能的触角

胡蜂的触角上有细细的毛、味蕾和嗅觉传感器，可以用来触摸物体、品尝食物和嗅气味。

胡蜂

羽状触角

皇蛾

羽状嗅探器

飞蛾的羽状触角对气味非常敏感，能分辨出某种植物的气味或花朵的香气，甚至能在几千米之外嗅到异性的气息。

天蚕蛾

感知气味

蚂蚁的视力很弱，实际上，很多蚂蚁都是“盲人”。它们只能靠嗅觉来获得信息。它们的触角上覆盖着很多细小的用来察觉气味的毛。因此，我们常看见蚂蚁相互之间用触角触摸对方，以获得信息。

蚂蚁的触角时时都在活动之中

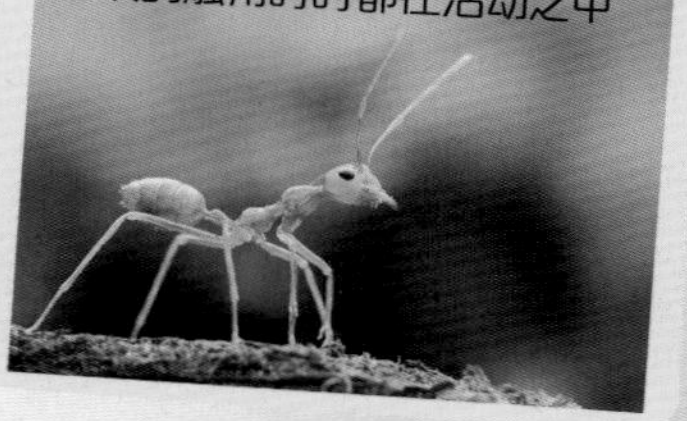

蚂蚁用触角感知气味。

蚂蚁的眼睛实际视力很弱。

蚂蚁

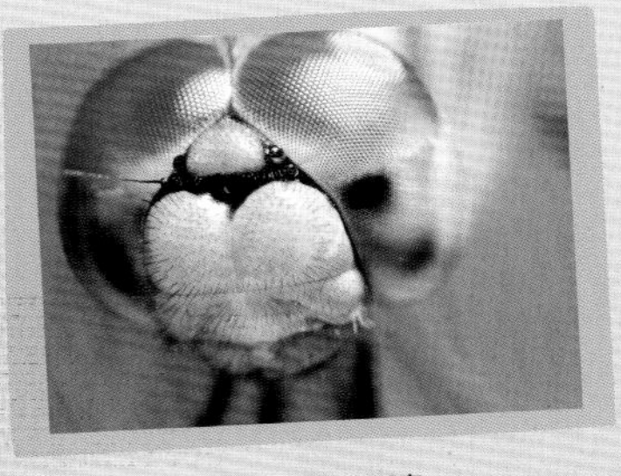

蜻蜓的眼睛

复眼

在自然界中，很多昆虫都是有复眼的。复眼由许多小眼组成。复眼中的小眼面一般呈六角形。不同种类的昆虫，小眼面的数目、大小和形状差异较大。蜻蜓的复眼堪称昆虫界最美的眼睛，在阳光映照下，会呈现翠绿、宝蓝、橙红等光泽，这些光泽产生自复眼对光线的折射，并不是复眼本身的颜色。

单眼

昆虫的单眼很小，常位于头部的背面或额区上方，称背单眼，也有位于头两侧的，叫侧单眼。一般成虫和不完全变态昆虫的若虫具有2～3个背单眼，少数种类只有1个。

七星瓢虫的眼睛为复眼。

天牛有一对细而长的触角，在晚上可以用来探路。

触角

天牛

看得见紫外线

昆虫能看到人类和绝大多数动物看不见的紫外线，如蜜蜂。蜜蜂可以根据花瓣上长着的一种可以反射紫外线的细线，即蜜标，找到花蜜和花粉的“储藏室”。

蜜蜂的眼睛是由许多小眼并集在一起组成的复眼。

感官趣闻

某些夜间活动的昆虫身上分布着很多小的感光器。即使眼睛被遮起来，它们也能够找到光源。

有些苍蝇能够闻到7千米以外腐肉的气味。

有些昆虫是天生的色盲，如蜜蜂不能辨别橙红色或绿色，苧麻蛱蝶看不到绿色和黄绿色，金龟子不能区分绿色的深浅。

会做甜品的“大厨”——蜜蜂 Bee

蜜蜂是一种勤劳的昆虫，它们不仅可以为花授粉，有助于果实与种子的形成，还能酿造蜂蜜，深受人们喜爱。蜜蜂头部有一对大复眼和3个单眼，视力非常好，还有一对能感受气味的触角。它们的头部和胸部长着短而硬的毛，颜色各异。

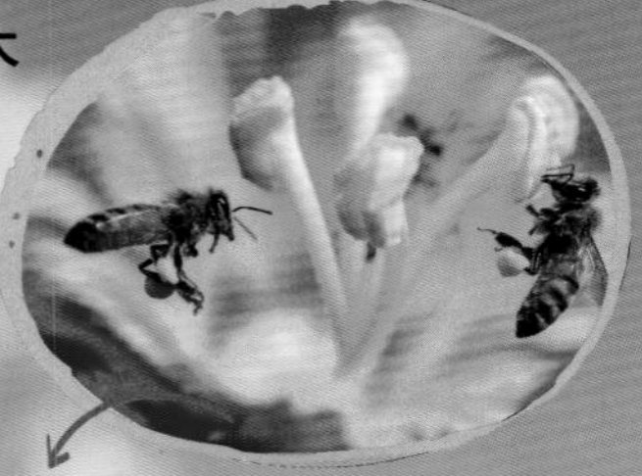

勤劳的蜜蜂

以舞传意

蜜蜂之间有一种舞蹈是专门用来表示蜜源的远近和方向的。当侦查工蜂找到蜜源之后，就会以“8”字舞或圆形舞两种方式向同伴们报告信息。如果找到的蜜源离巢不足百米，它们就会表演圆形舞；如果蜜源离得远，超过100米，它们就会跳起“8”字舞。如果头部朝上，蜜源就是在对着太阳的方向；如果头部朝下，蜜源就是在背着太阳的方向。蜜蜂是一种很聪明的动物，只通过简单的舞蹈，就向蜂群传达了蜜源的位置。

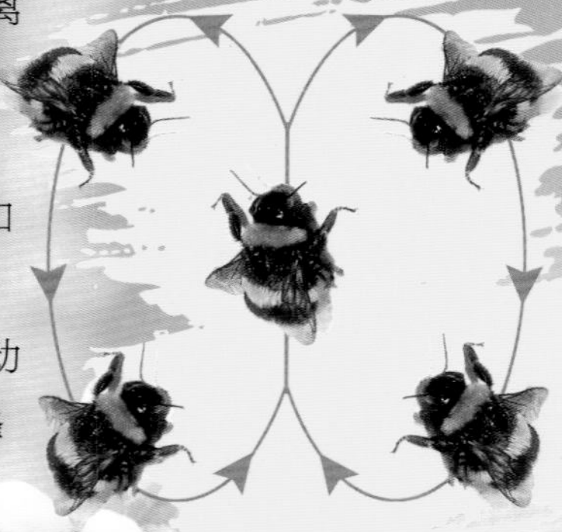

蜜蜂的“8”字舞

蜂房是由一个个六角柱状体组成的。

蜂巢

蜜蜂经常把它们的巢建在中空的树杈或人们专门准备的地方。每个蜂房都是用由工蜂（缺乏繁殖能力的雌性蜜蜂）生产的蜂蜡建成的六边形孔。有些蜂房里充满了花蜜和唾液，有些放有采集来的花粉或正在哺育的幼蜂。蜜蜂通过扇动翅膀或带水进来维持蜂房的清凉，它们也能通过颤动而产生热量，给蜂巢保温。

内部分工

蜜蜂是一种社会性昆虫，集体生活在蜂巢里。它们是一个等级分明、分工明确的团体，主要分为三种成员：蜂王、雄蜂、工蜂。蜂王和雄蜂都比工蜂大，而且蜂王有螫（shì）针。工蜂是整个群体里最辛劳的，它们肩负着采蜜、侦察、守卫、清扫、喂养幼蜂等许多工作。雄蜂只有在初夏才可以见到，而且数量很少，它们是由不受精的卵发育而成，而蜂王和工蜂是由受精卵发育而来。

我的名片

家族：节肢动物门，昆虫纲，膜翅目，蜜蜂科

分布地区：除两极外的世界各地

主要食物：花蜜、花粉

身长：约30毫米

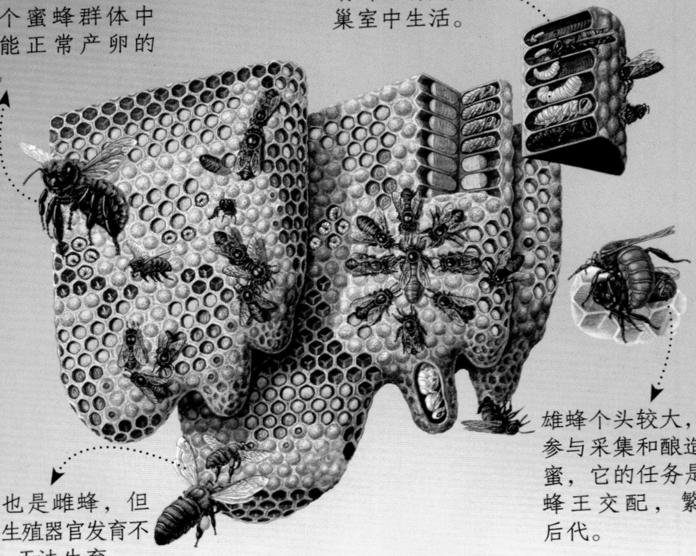
蜂王也叫“蜂后”，是一个蜜蜂群体中唯一能正常产卵的雌蜂。
幼蜂一般都在巢室中生活。
雄蜂个头较大，不参与采集和酿造蜂蜜，它的任务是与蜂王交配，繁殖后代。
工蜂也是雌蜂，但由于生殖器官发育不完全，无法生育。

百“炼”成蜜

蜜蜂酿蜜也是一项很艰苦的工作。所有的工蜂都要先把采来的花蜜吐到一个空的蜂房中，到了晚上，再把花蜜吸到自己的蜜胃里进行调制，然后再吐出来，再吞进去，如此这般吞吞吐吐，要进行100～240次，才能酿成香甜的蜂蜜。为了使蜂蜜尽快风干，千百只蜜蜂还要不停地扇动自己的翅膀，吹干之后，再把蜂蜜送进仓库，蜡封起来，以备冬天食用。

寻找蜜源

蜜蜂经常飞到几千米以外的地方去采集花蜜，而寻找蜜源的工作就落在了侦察工蜂的头上。当侦察工蜂找到蜜源之后，就会吸一点花蜜和花粉回来，向蜂群报告。于是大批的蜜蜂再互相转告，一传十，十传百，就会有越来越多的蜜蜂奔向蜜源，集体采集花蜜。

蜜蜂

蜜蜂腿上裹着的花粉是它们的食物，而它们采集到的花蜜会放到腹部的蜜胃里。

五彩缤纷的蝴蝶 Butterfly

燕尾蝶

蝴蝶的种类非常多，全世界有上万种。它们大多具有鲜艳的翅膀，在花丛中翩翩起舞，非常美丽。许多蝴蝶都以花蜜、水果以及植物的汁液等为食。它们长长的管状口器，可以很方便地伸入花蕊中觅食。

大闪蝶

雄性大闪蝶长着漂亮又闪亮的蓝色翅膀。它们在所栖息的雨林中来回飞行时，翅膀就在太阳光下闪闪发光，非常耀眼。雌蝶翅膀上的蓝色通常较浅，有些物种还呈橙色或棕色。

菜粉蝶

菜粉蝶

菜粉蝶虽不是世界上最漂亮的蝴蝶，却是生命力最顽强、数量最多的蝴蝶之一。除了南极洲以外，各大洲都能见到它们的身影。

黑脉金斑蝶

黑脉金斑蝶

黑脉金斑蝶又称王蝶，它们是昆虫中非常出色的旅行家，也是人们了解得最多的蝴蝶之一。它们从马利筋等植物中吸取毒汁存储在体内，体色鲜艳，具有警告敌人的作用。当它们鲜艳的色彩起不到吓唬敌人的作用时，就准备好与敌人同归于尽了。

豹蛱蝶

镀银豹蛱蝶

镀银豹蛱蝶生活在林地中。雄蝶前翅上的鳞片能散发一种气味。求偶时，雌蝶和雄蝶互相冲着对方扇动翅膀，同时雄蝶翅膀上的鳞片裂开，发出气味，引诱雌蝶进行交配。

色彩斑斓的蝴蝶

数字蝶

数字蝶生活在热带地区，因其后翅背面生有类似阿拉伯数字“88”的花纹，而常常被称为“88蛱蝶”。它们的翅膀上表面呈淡棕色。世界上有近40种蝴蝶与数字蛱蝶有亲缘关系，多数生活在南美洲的热带雨林中。

孔雀蛱蝶

孔雀蛱蝶

多数蝴蝶的成蝶在冬季来临之前死去，但孔雀蛱蝶的成蝶则要冬眠。秋季它们寻找干燥的地方栖宿，春季苏醒。成年孔雀蛱蝶以多种花为食，在荨麻上产卵。孔雀蛱蝶翅膀上长着类似大眼睛的斑纹，当它们受到惊吓时，会猛地亮出翅膀上的眼斑，吓退敌人，得以逃命。

林间飞舞的蝴蝶

紫蛱蝶

紫蛱蝶多数时间在树林中飞舞，雄蝶常在树林上空打斗。紫蛱蝶的毛虫以柳叶为食。它们的头部前端生有一对角，可用来抵挡敌人的进攻。

我的名片

家族：节肢动物门，昆虫纲，鳞翅目，锤角亚目

分布地区：除南极洲之外的各洲

主要食物：毛虫吃绿色植物，成虫吸食含糖的液体

身长：1.6~28厘米

穿波点装的瓢虫 Ladybird

瓢虫还有一个俗名，叫花大姐。它们的身体呈卵圆形，背部拱起形成一个半球形的弧；色彩鲜艳，具有黑、黄或红色的斑点；头部是黑色的，顶端还有两个淡黄色的斑纹；足短，上面生长着一些浓密的小细毛。

七星瓢虫大战蚂蚁

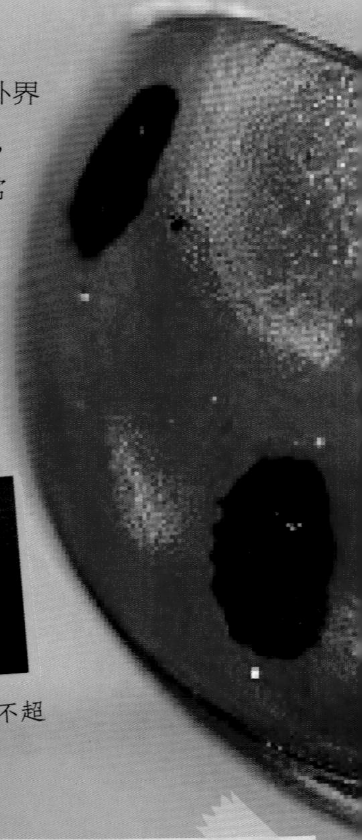

避敌本领

瓢虫有着很厉害的避敌本领。当受到天敌侵扰或外界刺激时，它们就会发生一种被称为“神经休克”的现象，像失去知觉一样一动不动。当它们的神经系统恢复正常后，就会清醒过来，继续爬行。除此之外，瓢虫还有一招“撒手锏”——释放特殊“化学武器”。如果你用手捏几下瓢虫，它们6条足上的各关节之间就会渗出一种黄色汁液来，散发出熏人的臭气，不但人会感到腻烦，连那些想要吞吃它们的小鸟都会放弃。

集体迁飞

瓢虫有着集体迁飞的习性。在中国，每年的五六月间，北方地区都会有成群的瓢虫聚集起来，有时海岸被密密麻麻的虫体遮住，使海岸呈现出美丽的淡红色；有时甚至连海面都会被成群的瓢虫所覆盖，场面非常壮观。

瓢虫每次飞行的时间不超过5分钟。

七星瓢虫

七星瓢虫

在瓢虫中，我们最熟悉的就是七星瓢虫了。它们的鞘（qiào）翅是红色或者橙黄色的，上面有7个明显的黑色斑点，各有3个斑点在两侧面上，还有1个大一些的斑点正好位于两个鞘翅合并起来的中间部位，十分有趣。七星瓢虫是肉食性昆虫，喜欢吃各种蚜虫。据统计，一只七星瓢虫平均每天能吃掉138只蚜虫。

我的名片

家族：节肢动物门，昆虫纲，鞘翅目，瓢虫科

分布地区：几乎遍布全世界

主要食物：蚜虫、农作物

身长：0.8~1厘米

瓢虫的足上有细毛，即使在光滑的地方也能爬行。

瓢虫可分为植食性与肉食性。

鞘翅
膜翅

七星瓢虫有2对翅膀。

瓢虫不都是益虫

瓢虫可分为植食性与肉食性两大类群。植食性瓢虫以植物为食，约占瓢虫种类的1/6。它们经常成群结队地趴在茄子、马铃薯、柑橘或梨树上大肆啃咬，破坏农作物。肉食性瓢虫占绝大多数，多以各种蚜虫、介壳虫、粉虱（shī）、叶螨（mǎn）以及其他节肢动物为食，是人类的好帮手。

瓢虫起飞到停落的过程

①瓢虫在飞行之前，需要做一个热身运动，将翅膀多次张开又合拢。

②坚硬的前翅为飞行提供浮力，而后翅则提供推力。

③瓢虫跳到空中后，伸开足保持平衡。后翅不断扇动，使身体像滑翔的飞机一样向前飞行。

④停落后，瓢虫的后翅就折叠起来，放在坚硬的前翅下面。

益虫和害虫的区分方法

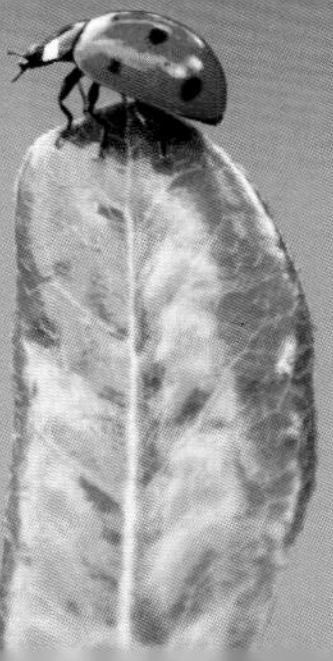

其实鉴别瓢虫里的益虫和害虫很简单，那就是观看瓢虫的鞘翅——凡是鞘翅细腻，而且光滑润泽的，那就是益虫；如果鞘翅上面有密密麻麻的细绒毛，那么一定就是害虫。

水面上的小飞机——蜻蜓 Dragonfly

蜻蜓是最常见的昆虫。它们有两对平展的翅膀、细长的腹部，看上去就像一架小飞机。在所有的昆虫中，蜻蜓的复眼最大，占据了头部的大部分。它们的头部能够上下左右灵活转动，触角长得十分细而且短，像刚毛一样硬。蜻蜓是飞行最快且最善捕食的昆虫。

站在叶子上的蜻蜓

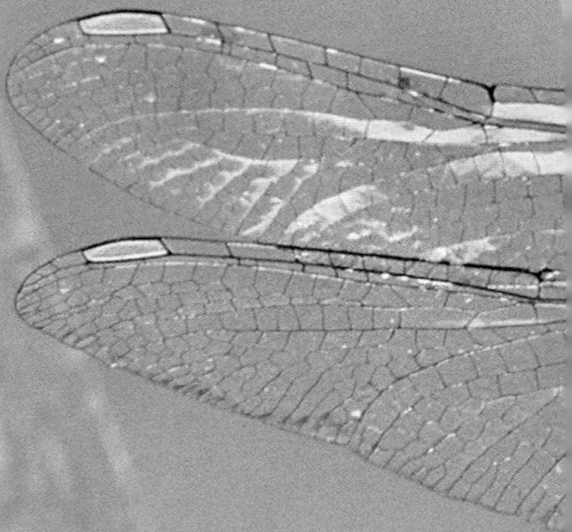

出色的飞行家

蜻蜓具有很强的飞行能力，被称为昆虫界的“飞行家”。帝王伟蜓俯冲时的飞行速度可达每小时38千米。蜻蜓能连续飞行几小时。它们甚至能像人类制造的直升机一样在天空中做出各种惊险漂亮的高难度飞行动作，比如空中急停、倒退、忽左忽右，等等。

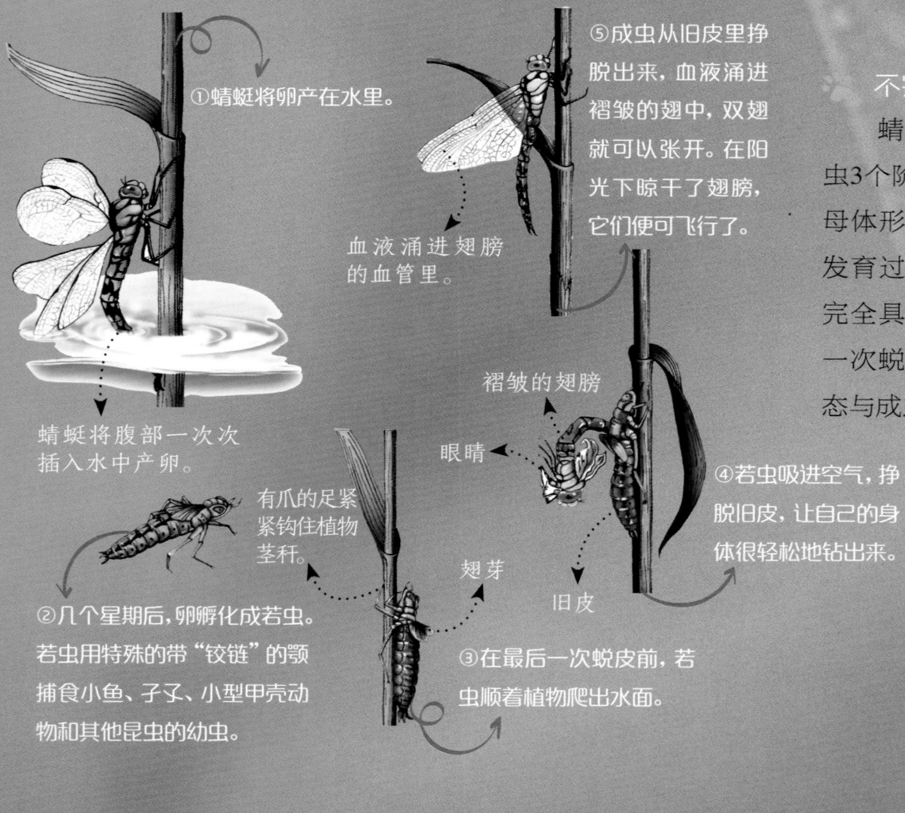
①蜻蜓将卵产在水里。
蜻蜓将腹部一次次插入水中产卵。
②几个星期后，卵孵化成若虫。若虫用特殊的带“铰链”的颚捕食小鱼、孑孓、小型甲壳动物和其他昆虫的幼虫。
有爪的足紧紧钩住植物茎秆。
翅芽
③在最后一次蜕皮前，若虫顺着植物爬出水面。
褶皱的翅膀
眼睛
旧皮
④若虫吸进空气，挣脱旧皮，让自己的身体很轻松地钻出来。
血液涌进翅膀的血管里。
⑤成虫从旧皮里挣脱出来，血液涌进褶皱的翅中，双翅就可以张开。在阳光下晾干了翅膀，它们便可飞行了。

不完全变态

蜻蜓的成长要经过卵、若虫、成虫3个阶段。幼虫从卵中孵化出来就与母体形态类似，被称为若虫。若虫在发育过程中要经过几次蜕皮。当若虫完全具备了成虫的器官后，经过最后一次蜕皮，便成为成虫。蜻蜓没有形态与成虫完全不同的蛹期。

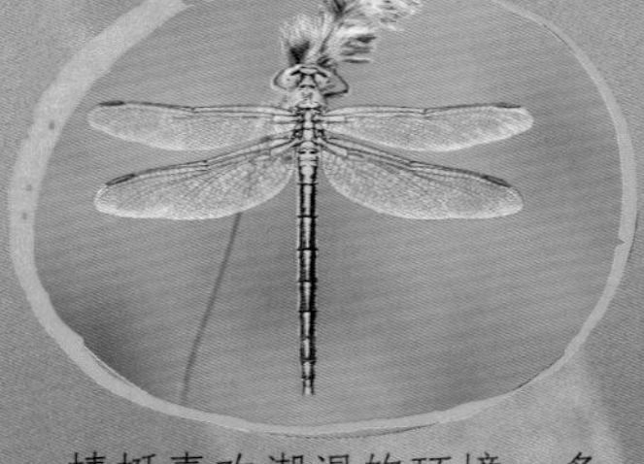

蜻蜓喜欢潮湿的环境，多在池塘或者河边飞行。

色彩艳丽的蜻蜓

长而窄的膜质翅膀
十分适于飞行。
复眼
翅痣具有防颤作用。
纤细的腹部可以保持
平衡和掌握方向。
网状翅脉

蜻蜓

古老的昆虫

蜻蜓是长有翅膀的昆虫中最原始的一类。从距今约3亿年前的化石标本中可以得知，地球上曾有一种超大型的类似蜻蜓的昆虫，它们的双翅展开可达75厘米左右，长于现在的一些小型猛禽类。

蜻蜓的膜质翅膀薄而轻，重量只有0.005克，每秒却可振动30～50次。

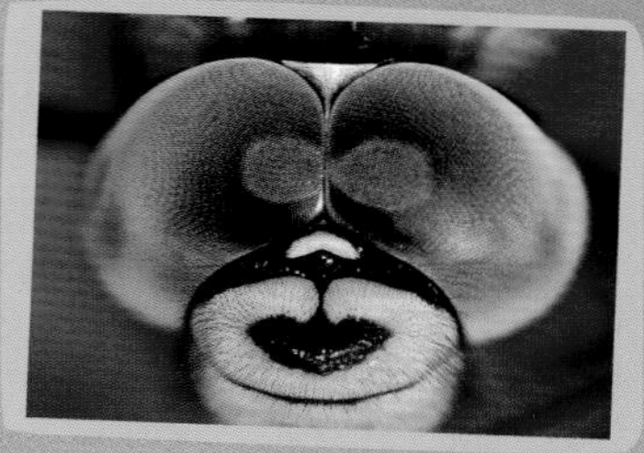

蜻蜓的复眼

数不清的“小眼”

蜻蜓的眼睛又大又鼓，占据着头的绝大部分，且每只眼睛又由数不清的“小眼”构成，这些“小眼”都与感光细胞和神经连着，可以辨别物体的形状和大小。蜻蜓的视力极好，而且还能向上、向下、向前、向后看，而不必转头。此外，它们的复眼还能测速。当物体在复眼前移动时，每一个“小眼”依次产生反应，经过大脑加工就能确定出目标物体的运动速度。这使得它们成为昆虫界的捕虫高手。

我的名片

家族：节肢动物门，昆虫纲，蜻蜓目

分布地区：除两极外的世界各地

主要食物：昆虫、微小生物

身长：2~15厘米

翼展：3.5~11厘米

挥舞“大刀”的螳螂 Mantis

螳螂长着一个可灵活转动180°的三角形小脑袋，头上长着一对大复眼和3个小单眼，还顶着一对反应极为敏捷的触角。我们经常可以在草丛或树枝上看到螳螂并拢它们那对带着锯齿的“大刀”，静待猎物上门。

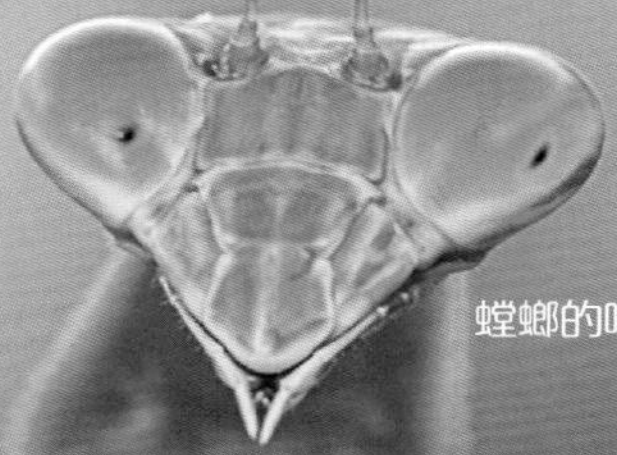

螳螂的咀嚼式口器

拟态的螳螂

举起“大刀”的螳螂

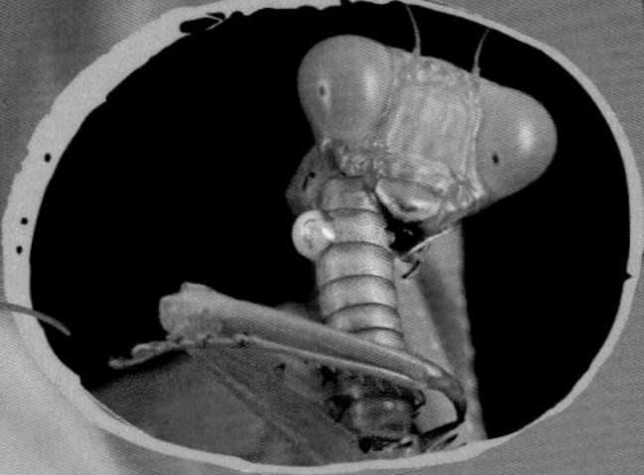

捕食的螳螂

拟态

每当螳螂受惊时，它们都会振翅发出“沙沙”的响声，同时显露鲜明的警戒色，而且不同种类的螳螂还会伪装成绿叶、褐色枯叶、细枝、地衣、鲜花或蚂蚁的模样。它们经常呈现出的那种翠绿色或褐色，和所处的环境恰好融为一体，而且它们总是习惯保持静止不动的姿态，令猎物很难发觉。

咀嚼式口器

螳螂的咀嚼式口器是十分厉害的，坚硬而发达的上颚，可以咬开甲壳类昆虫的鞘翅，并经过咀嚼和研磨将这些昆虫吞入肚中。

捕虫高手

螳螂称得上是昆虫界的捕虫高手。它们属于食肉性昆虫，专门消灭害虫。一只螳螂在两三个月内可以吃掉几百只蚊子。而且它们的捕猎动作非常快，速度惊人。螳螂的前足像大刀般宽阔又锋利，那些害虫往往成了“刀下鬼”。

我的名片

家族：节肢动物门，昆虫纲，螳螂目，螳螂科

分布地区：除两极外的世界各地

主要食物：苍蝇、蚊虫、蝉

身长：5~8厘米

爱唱歌的蝉 Cicada

蝉有一对大大的复眼，位于头部两侧，中间分布有3个点状单眼。它们的触角又短又硬，像刚毛。蝉有刺吸式口器，能刺开树皮，靠吸食树干汁液为生。它们大都攀附在树干或树枝上，这是因为它们的足末端有适于停在树上的“钩子”。

我的名片

家族：节肢动物门，昆虫纲，同翅目，蝉科

分布地区：温带和热带地区

主要食物：树根、树干的汁液

身长：2~5厘米

蝉的足末端有爪子，可以紧紧地攀附在树上。

高级发音器

蝉的发音器比任何一种会叫的昆虫的发音器都要复杂和先进。它们的发音器位于腹部前端靠后足的下方，外面是一对半圆形盖板，盖板内是一片弹性薄膜，称作鼓膜，鼓膜与鸣肌相连。鼓膜受到振动而发出声音，由于鸣肌每秒能伸缩约1万次，盖板和鼓膜之间是空的。声音在盖板下的空间会产生共鸣，所以蝉的鸣声听起来特别响亮。然而，雌蝉没有发音器，是个“哑巴”。

蝉的视力极好。

不同的歌

蝉会发出3种不同的鸣叫声：集合声，受每日天气变化和其他雄蝉鸣声的调节；交配前的求偶声；被捉住或受惊飞走时的粗重鸣声。蝉就是通过这样不同的鸣声来表达自己不同的心情和所要达到的目的。

膜质透明的双翅

建筑“专家”蚂蚁 Ant

蚂蚁是一种生活在组织严密的团体里的昆虫，每个集群里都有成千上万的蚂蚁，而且分工明确。蚂蚁头部较大，口器有两对颚，触角呈膝状弯曲，腹部呈细卵圆形，体色一般为黄、褐、红或黑色。

我的名片

家族：节肢动物门，昆虫纲，膜翅目，蚁科

分布地区：除南北极外各地都有分布，在热带更为常见

主要食物：植物种子和果实、菌类、昆虫等

身长：0.075~5.2厘米

交流方式

两只蚂蚁只要用灵敏的触角相互碰一碰，就能接收到来自对方的化学物质，并判断出是不是同类。同类的蚂蚁在工作和生活中，也是用碰触角的方式来密切交流信息和意见的。而且它们还有一些特有的肢体语言，比如，高举腹部站立，表示发现了很多食物；用腹部敲击地面，表示前方有危险；将尾部弯曲在双脚中间，则是战争即将开始的信号。

明确的分工

蚂蚁喜欢集体住在地下的大型巢穴内。每窝蚂蚁都会按分工不同而形成工蚁、兵蚁以及繁殖蚁。其中繁殖蚁是有生殖能力的，负责繁殖后代。工蚁主要负责挖洞筑巢、觅食以及照顾蚁后、幼卵、幼虫等一切生活琐事。而兵蚁负责保卫家园及咬碎坚硬的食物，或者去袭击别的蚁巢。

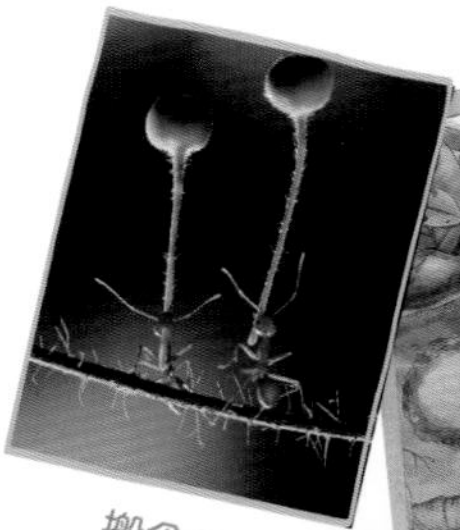

搬食物

蚂蚁地下的巢穴

建筑专家

千千万万只蚂蚁全都住在一个巢穴里却不会觉得拥挤，这是因为蚂蚁是杰出的建筑专家。它们把巢分成许多小洞穴，不同工种的蚂蚁住在不同的洞穴中，而且它们还把洞穴分成储食穴、仓库、育婴穴等，可以说是穴穴相连，四通八达。

切叶蚁

外壳亮丽的金龟子 Scarab

体形短粗，
呈卵圆形。
外壳坚硬光滑，有
光泽，十分漂亮。
头部较小，有
鳃片状触角。

金龟子

金龟子体形短粗结实，呈卵圆形，外壳坚硬而光滑，有的种类还有金属光泽，十分美丽。金龟子成虫头部较小，触角呈鳃片状，由3～11节组合而成。它们的前翅已经硬化变为鞘翅，后翅是膜质的，比前翅大，是它们的飞行工具。

美丽的害虫

金龟子体形大，极富光泽且有质感，颜色鲜艳美丽。但是，美丽的外表并不能掩饰它们的实质，它们每隔几年都会来一次大规模繁殖，而它们的幼虫则潜伏在土里，以植物的根系、幼苗或块茎为食，对谷物及其他农作物造成很大的破坏。

金龟子大多生活在荒山、荒草地、林间空地等处。

滚粪球

蜣螂俗称屎壳郎，也是金龟子科的一种昆虫，又被称为“大地清道夫”。它们经常用铁锹一样的角把新鲜的粪便堆集在一起，压在身体下面，用3对足拍打成球形。然后两只屎壳郎分工合作，前面的一个用后足抓紧粪球，前足行走，用力向前拉；后面的用前足抓紧粪球，后足行走，用力向前推。于是，这种小甲虫把圆粪球推着滚动，粘上一层又一层的土。有时地面上的土太干粘不上去，它们还会自己排些粪便用来粘土呢。

我的名片

家族：节肢动物门，昆虫纲，鞘翅目，金龟子科

分布地区：南极洲外的其他大洲

主要食物：粪便、腐烂植物

身长：0.15~16 厘米

好奇小问号

No.1 为什么蜘蛛的网不会把自己粘住？

蜘蛛结网时先织的是纵丝，纵丝没有黏性。而横丝上有黏珠，会把小昆虫黏住。蜘蛛在网上活动时，尽量选择在纵丝上行走，就会减少被粘住的可能。一旦被粘住，它们就会分泌一种油性物质涂抹在脚上，轻易脱身。

No.2 斑马是白条纹的黑马，还是黑条纹的白马？

科学研究发现，斑马在胚胎发育的时候，身体还是纯黑色的。然而到了发育的晚期，黑色素的生长被抑制，就出现了白色的条纹。因而表明斑马是白条纹的黑马。“条纹衫”还是一种保护色，令狮子、豹子们分不清斑马的轮廓，从而被迷惑。

No.3 雌螳螂为什么会吃掉雄螳螂？

雄螳螂性器官成熟早，个体小；雌螳螂性器官成熟晚，个体大。当雄螳螂急于求婚交配时，雌螳螂会毫不客气地扑过去，把对方当作美餐，一口一口地吃掉。即使雌螳螂发育成熟，交配完成，雌螳螂为了补充能量，也会不顾情面地将雄螳螂吃掉。

No.4 马为什么站着睡觉？

马是由野马驯化而来。很久以前，马生活在沙漠或草原上。马不同于牛和羊，它们没有角来保护自己。所以，为了躲避捕猎，它们不能躺着呼呼大睡，而站着睡觉，危险来临时可以随时逃跑。慢慢地，它们就养成了站着睡觉的本领。

No.5 狗为什么喜欢摇尾巴？

狗摇尾巴是在表达自己的情绪。不同类型的狗尾巴的形状和大小不同，但它们摇动尾巴表达的情绪是相同的：高兴时，会摇头摆尾，不仅左右摇摆，还会不断旋转；尾巴翘起来，表达喜悦；尾巴垂下来，表达不安；尾巴夹起来，表示害怕。

No.6 犀牛为什么要往身上涂泥浆？

天热的时候，犀牛喜欢在泥浆里打滚儿，因为泥里的水分蒸发时可以带走热量，让犀牛凉快起来。另外，犀牛生活在热带地区，那里吸血的昆虫很多，而泥巴干结后变得硬硬的，蚊虫就叮不进犀牛的身体了。

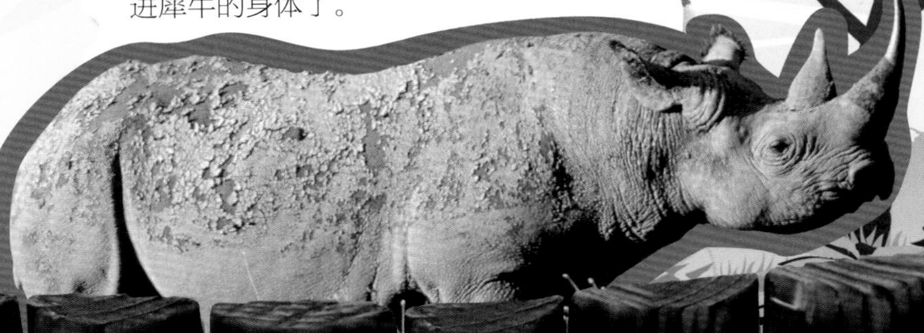

奇趣动物大百科

第二卷

美术编辑：刘晓东
文图编辑：白海波　于海清
封面设计：何　琳
版式设计：何　琳
图片提供：视觉中国　站酷海洛

奇趣动物大百科

第三卷

《图说天下》编委会◎编

吉林出版集团股份有限公司

目录
Contents

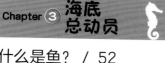

Chapter 1 两栖动物和爬行动物

Chapter 2 大鸟和小鸟

Chapter 3 海底总动员

Chapter 1

两栖动物和爬行动物

什么是两栖动物？Amphibian

两栖动物是水生脊椎动物和陆生脊椎动物之间的过渡类型，既有鱼类的特性，又能适应陆地生活。它们一般在水中产卵，像鱼一样的幼体经过变态发育后，成为能在陆地上生活的成体。它们既不能在海洋中生活，也不能在荒漠中生活，寒冷和酷热的季节里还要冬眠或夏眠。

游泳教练

体育项目中的蛙泳，就是模仿两栖动物中蛙类的游水动作。青蛙和蟾蜍游泳时，后腿蹬水，身体向前伸展，并用前腿掌握方向；而蝾螈则左右扭动身体呈“S”形前进；小蝌蚪们都是左右甩动尾巴游泳的。

标准的蛙泳姿势

青蛙的两条后腿十分强壮，帮助它们在游泳时快速前进。

蝾螈

冠毛蝾螈

种类

两栖动物基本上有三种：有腿有尾的是蝾螈，它们的身体颜色鲜艳；有腿没尾的是青蛙和蟾蜍，在河流、池塘、稻田等地方都能找到它们；有尾没腿的叫蚓螈，看上去像蚯蚓，只生活在热带。

能用皮肤呼吸

两栖动物既可吸进空气中的氧气，又可吸进水中的氧气。当它们还是小蝌蚪（青蛙、蝾螈等两栖动物的幼体称为蝌蚪）时，没有肺，通过羽毛一样的鳃呼吸；成年后一般只用肺呼吸。它们的皮肤很薄、光滑湿润，氧气能通过皮肤进入血液。

绿树蛙

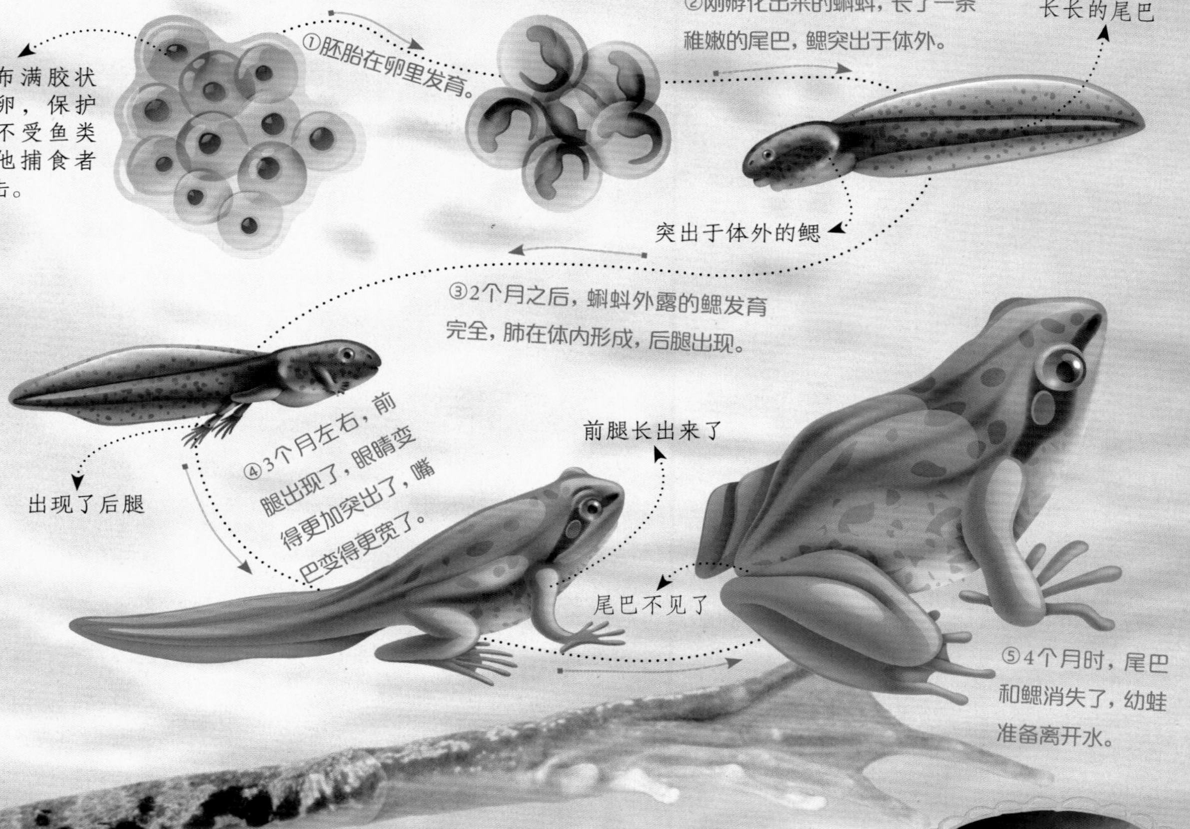

周围布满胶状物的卵，保护自己不受鱼类和其他捕食者的袭击。
①胚胎在卵里发育。
②刚孵化出来的蝌蚪，长了一条稚嫩的尾巴，鳃突出于体外。
长长的尾巴
突出于体外的鳃
③2个月之后，蝌蚪外露的鳃发育完全，肺在体内形成，后腿出现。
出现了后腿
④3个月左右，前腿出现了，眼睛变得更加突出了，嘴巴变得更宽了。
前腿长出来了
尾巴不见了
⑤4个月时，尾巴和鳃消失了，幼蛙准备离开水。

成长的过程

大部分两栖动物是在水中交配和产卵的。由卵孵化的幼体在水中生长和发育。幼体用鳃或呼吸孔呼吸，直到成年以后，它们才改用肺呼吸。同时，它们的运动方式和感觉器官也会发生一系列的变化。

红眼树蛙的卵

蟾蜍

娃娃鱼

冬眠与夏眠

严冬季节，两栖动物躲到泥塘底部或土洞里，心跳变慢，停止用肺呼吸，而通过皮肤吸氧。北美洲的青蛙体内大部分水变成冰时，它们还依然活着。干燥地区的青蛙皮肤形成一层薄壳，防止水分蒸发，它们需要夏眠，一直到雨季来临。

肉食动物

两栖动物除了它们的幼体吃各种植物外，其余都以各种动物为食。娃娃鱼在阴暗、清澈的河水中捕食鱼、虾、蟹、蛇，还有昆虫，它们和甲鱼、乌龟一样，由于新陈代谢缓慢，一两年不进食也不会饿死。

两栖动物的颜色和伪装 Color

两栖动物的肤色各种各样，体表图案也千奇百怪，有点状的，有条纹的，甚至有折线的。它们身上的颜色有利于生存。鲜艳的颜色是对捕食者的警告，黄褐色或与背景相融的色彩便于伪装。

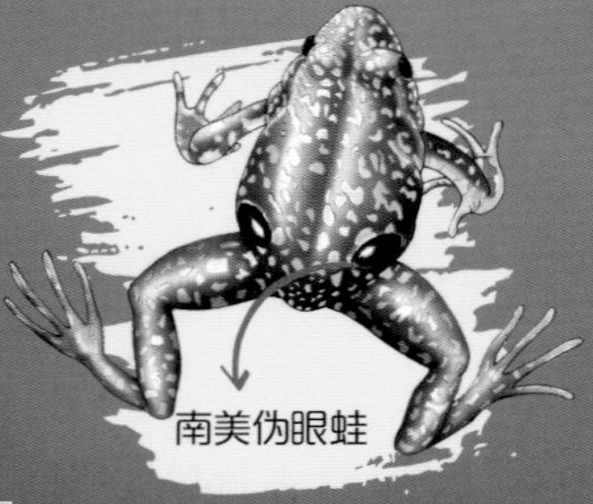
南美伪眼蛙

沙土的颜色

蝾螈是半水生的，当它们在水底行走时，靠摆动尾巴来加快行走的速度。体色与池塘底部的水草、沙泥的颜色相似，因此能起到很好的伪装效果。

伪眼

南美伪眼蛙的两肋长有很大的斑点，看起来很像眼睛，令捕食者误以为它是一种很大的动物。

隐藏在叶子下面的青蛙

保护色

树蛙可以根据身处环境的变化来改变身体的颜色。春夏季节，树蛙的体色鲜嫩翠绿，与周围的树木浑然一体。而秋季来临时，它们就会逐渐变成与树干、枯枝、落叶一样的黄褐色。

天蓝色的青蛙

有一种尖鼻蛙，在春天的时候，会换上一种特别的发情体色——天蓝色。这种天蓝的体色只有在水中才能显现出来，一旦出了水，它们的体色又还原为本来的棕灰色。

红腹蟾蜍

钴蓝箭毒蛙

红肚皮

红腹蟾蜍受到捕食者威胁时，会弓起背，用后腿站立，露出火红的腹部，并分泌出一种极其难闻的刺激性液体，以吓退捕食者。

皮肤能分泌一种刺激性的液体。
黑绿色的后背
色彩鲜艳的腹部

红腹蟾蜍

放毒液

蟾蜍的背部生有毒腺，而且主要集中在突出的两耳后方的耳旁腺内。每当它们受到刺激时，就会分泌一种乳白色的毒液，可以防范各种鸟、蛇和食肉兽类的吞吃。

哥斯达黎加树蛙

像枯叶一样

生活在亚洲东南部热带森林底层的亚洲角蟾是最会伪装的。它们的眼睑突出形成角状，所以被称为角蟾。当它们静静地趴在林中时，斑斑点点的棕色皮褶和扁平的身体，看起来就像一片枯叶。

亚洲角蟾

两栖动物的感觉 Sense

两栖动物和其他动物一样，可以通过各种感官来感知外界，如感知紫外线和红外线，以及地球的磁场等，并且它们还能对外界的各种刺激迅速做出反应。

耳鼓
大而突出的眼睛
牛蛙

原始的耳朵

蛙的耳朵是高等脊椎动物中最原始的耳朵模型，它们没有高级的耳蜗，鼓膜直接暴露在外面，或者被一层皮肤覆盖。牛蛙鼓膜的大小和性别相关，雄性的鼓膜比眼睛大，而雌性的鼓膜和眼睛大小几乎相同。

蝾螈

红眼树蛙的眼睛又大又突出。

侧线

青蛙的幼体和蝾螈、鳗螈都有一种特殊的感觉器官——侧线，通过它可以感觉水压的变化，了解周围物体的动向。

眼睛

大多数蛙、蟾蜍和蝾螈都有良好的视力，但蚓螈的视力很微弱，几乎是“盲人”。洞穴蝾螈完全丧失了视力。蛙的眼睛很大，能注意到危险并发现猎物。

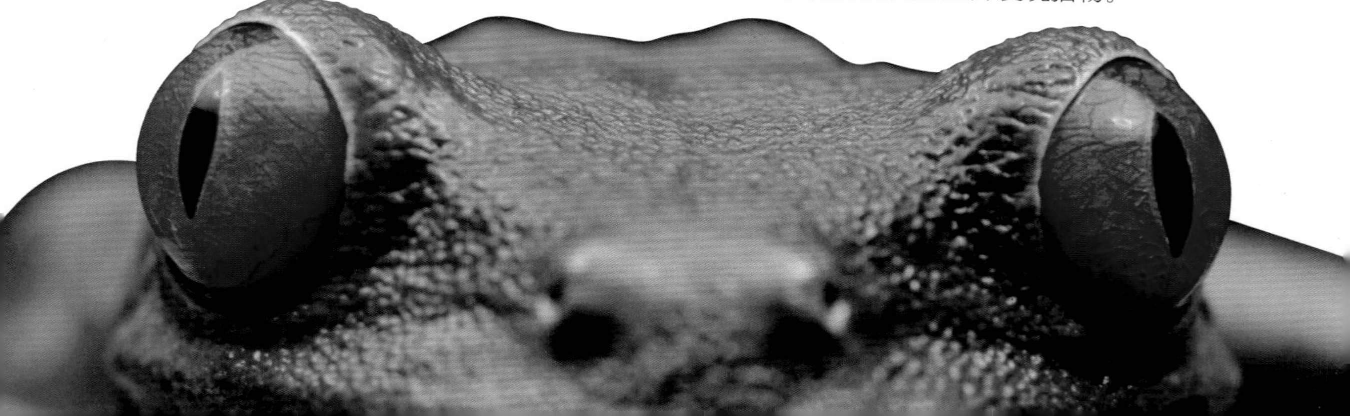

不畏强敌的蝾螈 Newt

蝾螈身体丰满，呈圆筒形，与爬行类的蜥蜴很像，拖着一条长而侧扁的尾巴。它们的皮肤潮湿润泽，且有黏性，身体颜色异常鲜明——或长着明显的斑纹，或有鸡冠样的突起。蝾螈的四肢较短，脚上无蹼。成体有眼睑而且能动，但幼体没有眼睑。

蝾螈大多体色鲜艳美丽，但体内有毒。

不畏强敌

别看蝾螈个子不大，却是一种胆魄十足的动物。因为它们在天敌——蛇面前，都会勇敢地迎战，而不是一副战战兢兢的模样。当蛇向蝾螈发起进攻时，蝾螈的尾部就会分泌出一种像胶一样的黏性物质，它们用尾巴毫不留情地猛烈抽打蛇的头部，直到蛇的嘴巴被分泌物粘住为止。有时，一条长蛇会被蝾螈的黏液粘成一团、动弹不得。

红蝾螈

红蝾螈

红蝾螈不管是生活在水中，还是陆地上，都很自在。它们成熟后，体色是鲜红的，但随着年龄的增长，颜色会变暗一些。红蝾螈成年后没有肺，只能依靠皮肤或嘴的黏膜呼吸。世界上的无肺蝾螈几乎都生活在美洲。

红蝾螈的皮肤是砖红色的，可以警告天敌它们体内有毒。

我的名片

家族：脊索动物门，两栖纲，有尾目，蝾螈科

分布地区：北半球温带地区的淡水及潮湿的林地

主要食物：昆虫幼虫、蚯蚓、软体动物

身长：约7厘米

蛙和蟾蜍 Frog

蛙和蟾蜍是两栖动物中最庞大的家族，大约占两栖动物总数的90%。它们很容易识别，身体短小，后腿有力，没有尾巴。蛙是一个天才的跳跃者，而蟾蜍一般靠爬行前进，并且大都生活在陆地上。

眼睛

大多数蛙和蟾蜍都有良好的视力，蛙可以利用它的大眼睛，发现周围的情况。不过它们只能注意到动态的东西，对静止的东西却视而不见。

飞动的苍蝇、蚊子都逃不过蛙类的眼睛。

穿迷彩服

绿蟾身上有成块的亮绿色图案，其余部分都是淡褐色，看上去就像是穿了一件迷彩服。当它们在草丛中活动时，这身“迷彩服”能起到很好的伪装效果。在温暖的地区，它们常居住在房屋附近，有时会聚在灯下，吃那些落在地上的昆虫。

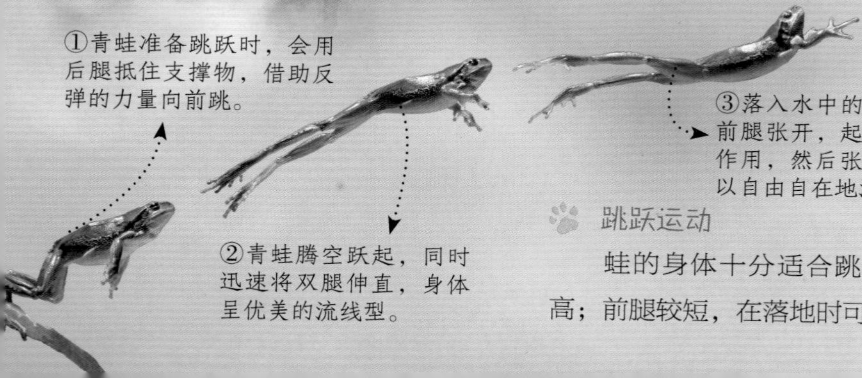

①青蛙准备跳跃时，会用后腿抵住支撑物，借助反弹的力量向前跳。

②青蛙腾空跃起，同时迅速将双腿伸直，身体呈优美的流线型。

③落入水中的同时，青蛙将前腿张开，起到缓冲的保护作用，然后张开后腿，就可以自由自在地游泳了。

趴在树上的树蛙

跳跃运动

蛙的身体十分适合跳跃，它的后腿长而有力，能跳得很高；前腿较短，在落地时可以起到缓冲作用。

角蛙的肤色很艳丽，头上有角状突起，外形狰狞可怕，性情也很残暴，被称为“蛙中的魔鬼”。

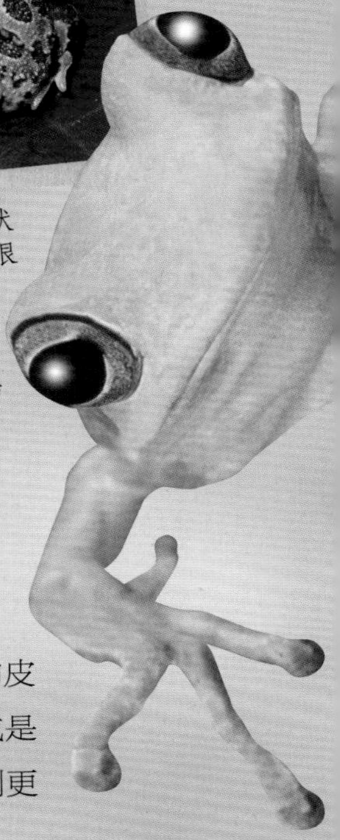

体温

蛙和蟾蜍的体温会随环境的变化而改变，但它们知道怎样调节自己的体温。如果天气太热，它们会躲在阴凉的地方避暑；太冷时，它们会在太阳底下晒太阳；到了冬天，它们便以冬眠的方式度过严冬。

呱
呱

一般大雨过后，蛙叫得最欢。

响亮的歌声

雄性的蛙和蟾蜍通常用叫声来吸引异性。它们发声的方式因种类而不同，有的呱呱地叫，有的吱吱地叫，还有的鼓起喉囊，使叫声更加响亮。

蛙和蟾蜍的区别

蟾蜍的皮肤有疣状突起，看起来疙疙瘩瘩的，蛙的皮肤比蟾蜍的光滑。蛙的腿更长。大多数蛙生活在水中或是靠近水的地方，可以用长着蹼的脚在水中游泳，蟾蜍则更喜欢陆地生活。

VS

蟾蜍

青蛙

蛙中之王

牛蛙是北美洲最大的蛙，身长可达20厘米左右，真可谓“蛙中之王”。牛蛙的胃口很好，能吞下什么就吃什么。它们主要在夜间捕食鱼、幼龟、老鼠，甚至小鸟。

蟾蜍通常在夜间活动，但在空气湿度大或下雨时，它们会一反常态地在白天出来活动。

一点儿也不赖

蟾蜍有个很不光彩的名字——癞蛤蟆，其实它们一点儿也不赖。别看它们行动缓慢，但捉虫子的本领比青蛙还高呢！真称得上是“百发百中”。据统计，一只蟾蜍在3个月里可以吃掉1万多只害虫。

我的名片

家族：脊索动物门，两栖纲，无尾目

分布地区：世界各地

主要食物：昆虫

身长：2~25厘米

什么是爬行动物？ Reptile

爬行动物是由两栖动物进化而来的，它们的身体大都披着防水的“外衣”。这种“外衣”是一种角质鳞片。它们有些生活在水里，有些生活在陆地上，但都在陆地上繁殖。爬行动物属变温动物，体温太低时，需要吸收太阳热量为运动提供能量。爬行动物是进化得最成功的动物种类之一，现有6300种左右。

双嵴冠蜥

犁鼻器

绿树蛇

蛇的口腔顶部有一对凹下去的器官，上面具有一列嗅觉上皮和丰富的嗅神经，这就是犁鼻器。舌头将空气中的气味微粒送到口腔，分叉的舌尖像插头一样直接插入犁鼻器中，这些气味微粒的信息传到蛇的大脑，气味就被辨别出来了。

调节体温

早晨，爬行动物从阴冷处爬到阳光底下取暖，中午回到阴凉处休息纳凉。如果太冷，它们会让表皮血管扩张，让血液被太阳晒暖；在阴天里，它们收缩血管以减少血流量。

能听到空中的声音

爬行动物都具有中耳和内耳，鳄鱼还有外耳。中耳包括镫骨和与喉部相通的咽鼓管，当声波经空气震动中耳内的镫骨后，就可以听见声音了。这是鱼类所没有的。

爬行运动

除了蛇类和某些蜥蜴类没有附肢外，爬行动物的身体两侧一般都有成对的附肢，附肢上有5趾。运动时，它们的四肢向外侧延伸，腹部着地，匍匐前进。

美洲短吻鳄

各式各样的肺

所有爬行动物都用肺呼吸。喙头蜥和蛇类的肺是由许多单个的囊合在一起的；龟类和鳄类的肺分成许多小室，由肺泡和支气管的分支将其连接；避役（变色龙）的肺末端有像鸟类气囊一样的中空气囊。

用肺呼吸的鳄鱼

类型

爬行动物按形态可分为蜥蜴型，如蜥蜴类、楔齿蜥类和鳄类；蛇型，如蛇类和蛇蜥类；龟鳖（biē）型，如龟、鳖和海龟。按它们适于生活的环境，可分为地面爬行的、树栖的、穴居的及水栖的爬行动物。

乌龟和植物一样，每天需要晒1～2小时的太阳。

红外探测

爬行动物失去了鱼类和两栖动物的侧线感受器，但在眼睛和鼻子之间有一个凹陷小窝——探热器，能够接收动物身上发出来的红外线。比如，当小动物在旁边经过时，响尾蛇能立刻发觉，然后悄悄地蹿过去咬住猎物。

探热器

潜伏水中的鳄鱼 Crocodile

鳄是现存最大的、最危险的爬行动物，俗称鳄鱼，目前全世界共有23种。它们是凶残的捕猎者，常常潜伏在水中或是泥塘边，等待猎物的到来。它们生活在世界各地的热带和少数温带地区，白天在太阳底下取暖，夜晚天气转凉时回到温暖的水里。

鳄鱼的眼睛长在头部最上方。

鳄鱼一般有60～80颗牙齿

高高在上的眼睛

鳄鱼的眼睛长在头部较高的位置，所以我们会经常看到它们潜在水里，一动不动，只剩下两只眼睛露在外面。它们的两只眼睛靠得很近，并且都目视前方，可以看到三维的物体，这样鳄鱼就可以精确地判断出前方物体和它们的距离。它们的夜视能力也很好，因为眼睛后部有一个膜，可以使尽可能多的光线反射进入眼睛。

鳄鱼的牙齿

鳄鱼的牙齿粗大锋利，呈锥形，但是却不能咀嚼食物，所以鳄鱼要将猎物的肉撕碎吞进肚里。哺乳动物的牙齿在长成后就不会更换，但鳄鱼却和哺乳动物不同，它们的旧牙会定期脱落长出新牙。小牙在旧牙上方发育，到长成的时候，就会毫不留情地把旧牙挤出去，成为新牙。

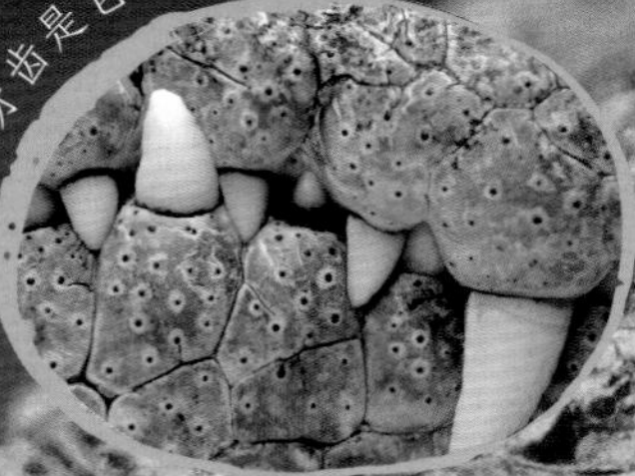

鳄鱼的牙齿是它的“武器”。

称职的母亲

当孵卵期快结束时，准备破壳而出的小鳄鱼会发出轻微的尖叫声。此时鳄鱼妈妈便把洞穴挖开，把刚刚爬出蛋壳的小鳄鱼放在嘴里含着，送到河边水比较浅的地方，这样小鳄鱼不但可以躲避捕食者，还可以避免脱水。若有的卵没孵化，鳄鱼妈妈便将卵放在嘴里，在舌头与颌之间翻转直到幼鳄破壳而出为止。

巧妙的捕食方式

鳄鱼将身体藏在水中时，就像一截枯木，或是突出水面的岩石，等待着猎物自投罗网。鳄鱼往往选择河岸边、水塘边、斜坡上或是猎物容易滑倒的泥岸边进行捕猎。在这些地方，它们都很容易得手。

厚厚的皮肤上布满鳞甲。

最危险的鳄鱼

湾鳄是世界上最大、最危险的鳄鱼，其体重可达1300千克，体长可达6.3米，真可谓“鳄中之王”。由于湾鳄生活在海水中，所以又被称为“咸水鳄”。湾鳄生性凶猛，其凶猛程度会随着年龄的增大而逐渐升级。

中国的特产

扬子鳄是中国特有的、也是唯一的鳄种，十分珍贵，属于国家一级保护动物。在所有的鳄种中，只有扬子鳄和美洲的密西西比鳄生活在温带，但到了寒冬季节，它们必须深入地下窟穴蛰伏。

扬子鳄

我的名片

家族：脊索动物门，爬行纲，鳄目

分布地区：绝大部分分布在非洲、美洲和亚洲的热带地区

主要食物：鸟、鱼、蛇等

身长：120~630厘米

体重：35~1300千克

家族成员众多的蜥蜴 Lizard

蜥蜴是现存数量、种类最多的爬行动物，也是世界上分布最广的爬行动物。无论是热带雨林，还是干旱的沙漠，蜥蜴在许多地区，都随处可见。它们是奔跑、攀缘、掘洞和游泳的能手，有的甚至还会“飞”——滑翔。

变色龙

避役

避役俗称“变色龙”。它们长着一副有趣的外表——两眼凸出，可独立转动；身体扁平，上面覆盖着一层鳞片，体色可随情绪或外界环境发生变化，尾巴常呈螺旋状或者缠绕于树上。为了适应生活的需要，变色龙足上的两趾与其他三趾分开相对，以利于抓握树枝。

鳄蜥

鳄蜥是极为古老而珍贵的动物，模样、皮肤有些像鳄鱼，属于中国的特有物种。它们生活在海拔600～1000米的林木茂盛的山区。它们白天隐栖在山溪或水塘上方的树上养精蓄锐，凌晨时刻较为活跃。它们捕食昆虫、蝌蚪、蛙、小鱼和蠕虫。

鳄蜥

我的名片

家族：脊索动物门，爬行纲，蜥蜴目

分布地区：遍布全世界

主要食物：腐肉、昆虫、蜘蛛、多足类

长鬣蜥

海鬣蜥

海鬣（liè）蜥是世界上唯一能适应海洋生活的蜥蜴。它们生活在加拉帕戈斯群岛附近的海岸边，以海草、螃蟹等为食。海鬣蜥头部较钝，下颌宽大，尾巴扁平，具有类似船桨和船舵的双重功能。

海鬣蜥的颈背上长有尖锐的刺突。

普通壁虎

壁虎

普通壁虎的身影几乎遍布全世界，它们能帮助人类消灭蚊子。它们的体色为黄褐色，带有灰色、棕色或白色的斑纹，但也有绿色或浅红色的。它们的尾巴很特别，遇到危险时，会自动断掉，脱离身体独自扭动，以此来迷惑敌人，顺利逃生。

科莫多巨蜥

科莫多巨蜥是世界上最大的蜥蜴，是一种贪婪的肉食动物，喜欢吃腐肉和动物尸体。它们长着强有力的腿和分叉的长舌头，可以利用舌头嗅出空气中活的猎物和动物尸体留下的气味。

科莫多巨蜥

长寿的龟 Turtle

玳瑁

龟大体可以分为海龟、陆龟和淡水龟三种。海龟生活在海洋里，身体扁平，四肢都变成了鳍状，长长的前肢像船桨一样，非常适合在水里自由自在地遨游。海龟的头和四肢都不能缩进壳里；陆龟是一种常见的爬行动物，如象龟，它们行动缓慢，性情温和，是植食动物；淡水龟主要生活在河流、湖泊、沼泽等水域中，大约有200种，它们的脚几乎都长有蹼和爪。

靴脚陆龟

巴西红耳龟

缅甸陆龟

不同的龟脚

区分海龟、淡水龟和陆龟有一个很简单的方法，就是看它们的脚。海龟的脚没有爪，呈鳍状；淡水龟的脚趾末端有爪，趾间有蹼；而陆龟的脚稍大，而且有爪，趾间没有蹼。

巴西红耳龟

巴西红耳龟又叫翠龟、麻将龟。产于美国密西西比河沿岸，多生活在美洲的一些国家。它们是水栖龟类，生性好动，喜欢温暖的地方，有点儿怕冷，最适宜水温是25° C~30° C之间，当水温达到16° C以下时，它们就开始冬眠了。

最美的海龟

玳瑁的背甲十分美丽，呈棕红色且带有黄色花斑，盾片呈覆瓦状排列，在阳光下闪现琥珀样的光辉，瑰丽可爱。可是，玳瑁性情凶猛，和美丽的外表并不相称。它们的上下腭强而有力，能把坚硬的蟹壳咬碎。

巴西红耳龟

海龟

叠罗汉

红耳龟生活在池塘与河流中，属于一种淡水龟。它们喜欢叠在一起晒太阳，像是叠罗汉一样。它们十分机警，一有风吹草动，就马上滑落水中。

喜欢叠罗汉的红耳龟

破壳而出的小海龟

象龟

加拉帕戈斯象龟是陆龟中的“巨无霸”，其体重可达417千克。它们以遇到的一切植物为食，在旱季时，还能吃仙人掌——包括仙人掌的针刺！有些龟的甲壳前部向上翘起，便于它们向上伸展脖子去摘取高处的植物叶子。

靴脚陆龟

加拉帕戈斯象龟的体重是成年人的3倍以上。

缅甸陆龟

缅甸陆龟生活在东南亚热带与亚热带山地、丘陵地区，属于体形较大的陆龟，体长约30厘米。它们喜暖怕寒，对温度变化尤其敏感，喜欢在沙土上爬行，一般在夜间活动。

我的名片

家族：脊索动物门，爬行纲，龟鳖目

分布地区：遍布全世界

身长：海龟10~180厘米，陆龟和淡水龟8~120厘米

体重：海龟0.172~500千克，陆龟和淡水龟0.095~417千克

我的名片

家族：脊索动物门，爬行纲，蛇目，蟒蛇科

分布地区：非洲西部至中国、澳大利亚及太平洋岛屿一带的热带和温带地区

主要食物：中小型动物

身长：600~700厘米

体重：50~60千克

蟒蛇出没 Python

蟒蛇是一种大型原始蛇类，广泛分布于热带和温带地区。它们多为陆栖或半水栖，也有的是树栖。蟒蛇身体粗壮庞大，属于无毒蛇，体色多为褐色、绿色或淡黄色，并有斑纹如菱形花纹。

独居林中

和大部分蛇一样，蟒蛇是独居动物。它们没有什么社会性活动，只是在寻找配偶和交尾时，几条相同种类的蟒蛇才会聚在一起。它们的身躯常常缠绕在树干上或是盘绕在岩石下面。

蟒蛇十分擅长攀缘，常常盘踞在树上。

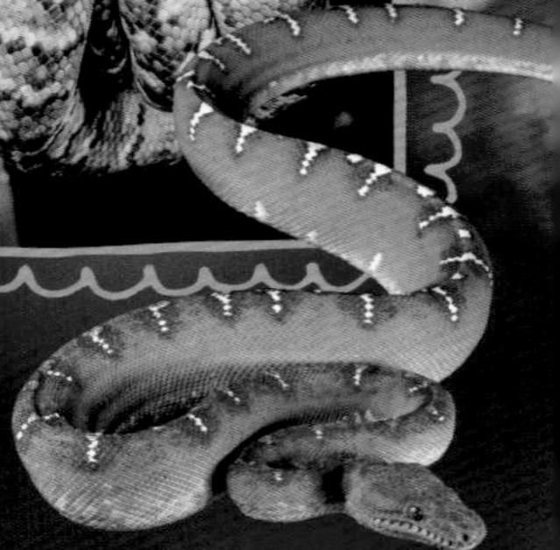

直线型移动方式

蟒蛇经常在夜间游动，借助自身大量的椎骨，很容易在道路上或接近地面的树枝上快速移动，而不引人注意。和大部分蛇不同的是，蟒蛇的移动方式是直线型的，这主要是由于它们自身的体重比较重。蟒蛇的椎骨很容易活动而且有大量的弹性关节彼此分开，腹部鳞片具有很好的附着力，这就使它们可以像推土机一样，用又平又宽的腹部鳞片紧紧地抓住地面，推动身体的其他部分先后有序地向前滑动。

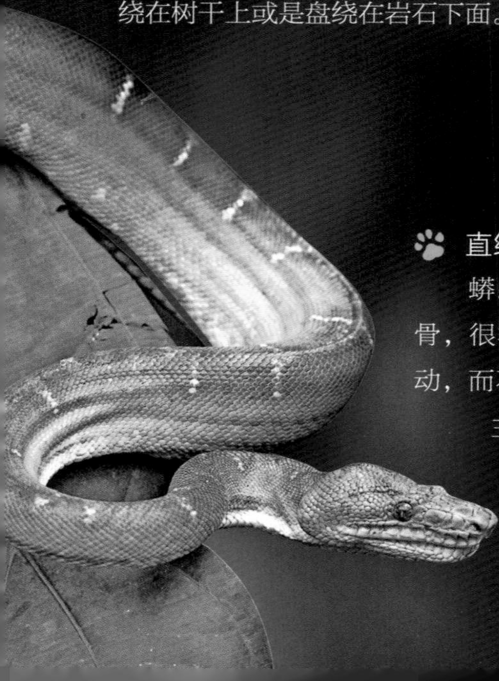

囫囵吞食

蟒蛇捕到猎物后，不论其体形大小，都是不经咀嚼就把猎物整个吞下。蟒蛇的这种吞食方式主要得益于它们下颌的特殊结构。它们的下颌是彼此独立的，这两部分可以交替运动。为了使巨大的猎物便于向胃部推进，蟒蛇在竖起身体前部的同时，把嘴张得大大的，咬住猎物，然后再闭合上下颌，依次让下颌左右两边交替运动。此时，蟒蛇颈部和身体的皮肤也会大大地扩张开来，以便把猎物推进胃里。它们的消化是在吃下猎物1小时后才开始的。如果在进食时受到骚扰，它们就会吐出猎物。而这时，也是蟒蛇反应最慢并且最容易受伤害的时刻。

正在吞食猎物的蟒蛇

蟒蛇捕食时慢慢接近猎物，迅速咬住，然后用身体缠绕使其致死，蟒蛇食量较大，一次可以吃掉一只山羊。

捕猎技术

蟒蛇通常使用埋伏战术，但有时它们也依靠舌头的味觉细胞或感觉器官来追捕猎物。在捕捉猎物时，蟒蛇会一口咬住猎物，同时身体快速向前伸展，将猎物缠绕起来，并用力收拢，使其窒息而死。

天敌

蟒蛇虽体大力强，但属于无毒蛇，不咬人，一般在进食以后行动不便。它们看起来虽然令人恐怖，但是也有畏惧之物，例如某些植物（如葛藤）和某些特殊的气味。遇到蟒蛇时，如果将葛藤等投去，蟒蛇会立刻静止不动，很容易用葛藤捆住它。

小心，毒蛇 Viper

全世界的蛇大约有2700种，其中有毒的蛇约有500种。蛇的毒液是一种非常复杂的化学物质，能分解猎物的组织，使其容易被消化，但毒蛇的毒液主要用于麻痹和杀死猎物，有时它们也用毒液自卫。

眼镜王蛇

珊瑚蛇

珊瑚蛇

珊瑚蛇有着美丽的外表，但它们有剧毒。它们的毒已经被列为最毒的一种蛇毒，属于神经性毒液。一条珊瑚蛇的毒，可以轻而易举地让一个成年人丧命。

眼镜王蛇

眼镜王蛇是世界上最大的毒蛇。它们能产生大量的毒液，以其他蛇为食。它们一般白天出来觅食，有时也会袭击人类，而且没有任何攻击前的挑衅。与别的蛇不同的是，它们用棍棒和树叶筑窝。

毒液和毒牙

蛇的毒液是由蛇头两侧的毒腺分泌出来的。毒液里含有很多物质，每种蛇利用毒液的作用和方式都不同。蛇用牙咬住猎物时，就将毒液注入猎物伤口。蝰蛇和响尾蛇的毒牙长在前面，长长的，可转动，在不用时会折叠起来。而眼镜蛇的毒牙虽长在前面，但不能转动。双鳞林蛇的毒牙长在后面，带有沟槽。

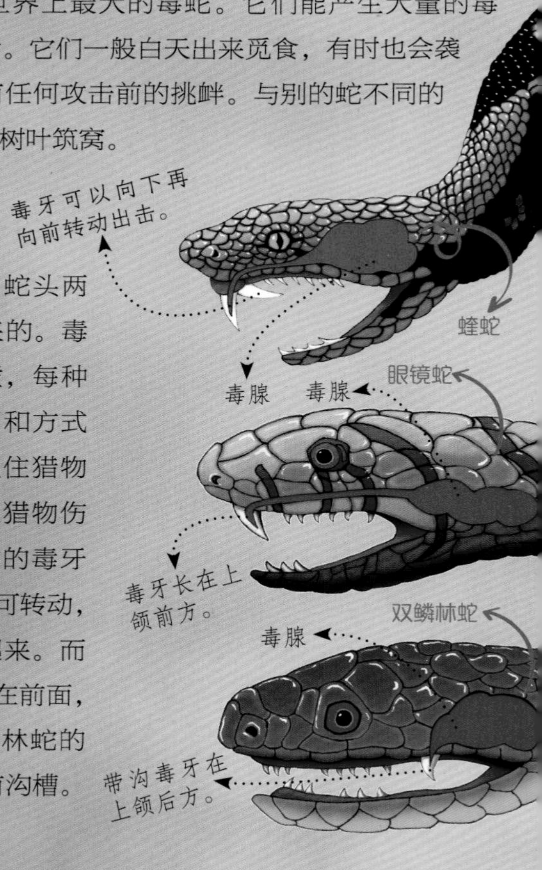
毒牙可以向下再向前转动出击。
蝰蛇
毒腺
毒腺
眼镜蛇
毒牙长在上颌前方。
双鳞林蛇
毒腺
带沟毒牙在上颌后方。

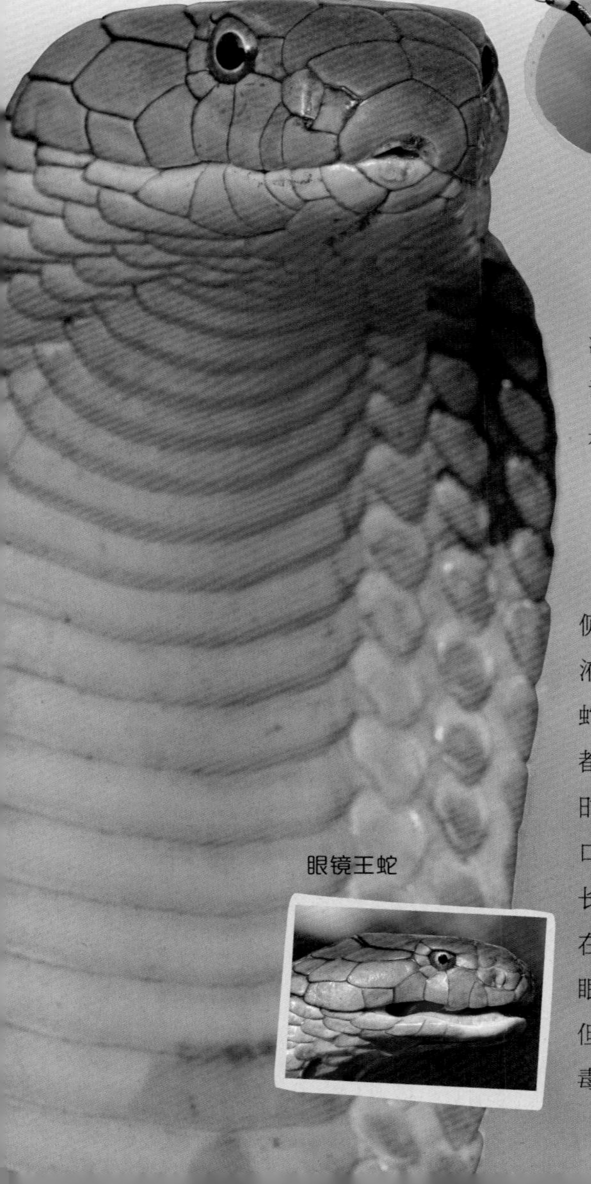

眼镜王蛇

Chapter 2

大鸟和小鸟

什么是鸟？ Bird

鸟类是由爬行动物分化来的。迄今为止，人们发现的最原始的鸟是华美金凤鸟。它比始祖鸟还要原始，长着跟爬行动物一样的爪子和尾巴。但是鸟类具有了比爬行动物更先进的恒温、血液双循环、发达的神经系统等特征和更完善的生殖能力，并且进一步适应了飞翔的生活。由于两者有许多地方近似，所以也把鸟类称为“美化了的爬行类”。

迁徙的灰雁

筑巢绝技

不同的鸟会筑出不同的巢。黄鹂筑的是悬挂巢，蜂鸟筑的是简洁的地衣巢，峭壁燕子筑烟囱样的泥巢，澳大利亚眼斑冢雉有巨大的枝叶堆成的巢。杜鹃不筑巢，而是占用其他鸟的巢。

黄鹂的巢

迁徙的部落

许多鸟都有迁徙的习性。迁徙对鸟有很多好处：能使鸟类始终生活在最舒适的气候里；有丰富的食物来源；敌害较少，幼鸟易成活；迁徙还能大大扩大鸟类的生存空间，减少领地竞争。

流鼻涕的海鸟

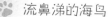

海鸥、海燕等海鸟在眼睛上方有特殊的盐腺，能将海水中的盐高度浓缩后排泄出去，所以一点儿也不怕海水里的盐分。盐溶液经内鼻孔、外鼻孔不停地流出，使海鸟总“流鼻涕”。

海燕

黑松鸡

求偶仪式

许多种鸟在交配前，先要举行精彩的求偶仪式。北美的雄松鸡聚集在一起，翘起尾巴向围观的雌松鸡展示漂亮的尾羽；百灵鸟等鸣禽只有简单的仪式，大多数由雄鸟表态或歌唱。

骨骼

鸟类为了适应飞行的需要，骨骼演化成中空的，而且重量很轻，否则它们会重得无法飞起。

伯劳鸟

鸟的骨骼

鸟儿的“乳汁”

家鸽、斑鸠和鹦鹉食管下端的嗉囊不仅能将食物储藏起来，它里面一层上皮细胞还能对这些食物进行分解，产生乳液。这种乳液脂肪含量比牛乳还高。喂食时，鲜美的乳汁就由鸟父母反刍给孩子们。

快速消化

鸟类的消化能力极强。伯劳鸟在3小时里能消化掉一只老鼠；乌鸦吃完一个水果后，只需30分钟就能完全消化。此外，鸟类对吃进去的食物的利用率极高。

鸟的嘴巴 Beak

我们把鸟的嘴巴称为喙，它们是由鸟的上下颌骨向前突出形成的角质结构。由于进食的方式和食物种类不同，喙的形状也就千差万别。通过观察鸟的喙，我们就能知道它们爱吃什么。

蜂鸟

吸管一样的喙

蜂鸟虽然吃昆虫，但主要取食花蜜。为了能吃到藏在花朵深处的花蕊里的花蜜，它们的喙长得既细又长，有的蜂鸟的喙甚至比它们的身体还要长。

网兜

爱吃鱼的鹈鹕给自己配备了一个灵巧的“网兜”——阔大而有皮囊的嘴巴。即使大鱼落在这个网兜里也很难挣脱出来。它们的下颌上挂着的皮囊，收缩后像个泄气的皮球，装满食物吞下去则够它们维持一星期而不饥饿。

鹈鹕

鸬鹚

能够刺鱼的喙

很多食鱼鸟都有一个呈匕首状的喙，能够在水中刺鱼吃。也有的食鱼鸟比如鸬鹚，它的喙呈钩状，可以轻松抓捕光滑的鱼。

巨嘴鸟

巨大的喙

巨嘴鸟有一个特别长、特别发达有力的五彩的喙。它们能很容易地夹起植物的果实飞到很远的地方。它们巨大的喙像铡刀一样锋利，能轻易地切开美味的浆果。

火烈鸟的喙十分特别，上喙比下喙小。

过滤器

火烈鸟的喙十分特别，像个过滤器。它们用喙和舌头间的缝隙来收集小植物和动物，再将头部翻转，下喙在上，上喙在下，将小植物、虾和其他无脊椎动物过滤出来。下喙和舌头鼓动，把水和泥沙滤出口外。

鹦鹉的喙

可两用的喙

鹦鹉的喙方便食用两种不同质地的食物。上喙很弯，呈钩状，能够把果实中柔软的部分挖出来；而下喙则像一把凿子，可以把种子凿开。

森林手术刀

啄木鸟的喙像一把木工用的凿子，又硬又直，能把树皮啄穿，而且它们的舌头能伸缩自如。舌尖上长有刺状倒钩，将树皮下洞中的蛀虫毫不费力地钩出来。

钩状喙

雕、猫头鹰和隼等猛禽，都有强而有力的钩状喙，便于将猎物杀死，并撕成小块吞咽下去。若是小动物，它们甚至可以一口吞下去。猫头鹰能吞下整只田鼠。

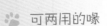

猫头鹰的钩状喙

灵活的翅膀 Wings

翅膀是鸟的灵魂。鸟的翅膀是在中生代由爬行动物的前肢演变而来的。灵巧而结实的翅膀使鸟类适应各自的生活环境。蜂鸟的翅膀每秒钟可拍动80次，并且使它们具有高超的悬停和倒退的本领；信天翁的大翅膀像滑翔机的机翼，使它们翱翔高空却不费力……如果失去翅膀，鸟就失去了飞行的自由。

雨燕

飞得最快的鸟

雨燕是世界上飞得最快的鸟，一般可达到每小时 112 千米。雨燕的翅膀细长，且飞行时向后弯曲，像一把弯弯的镰刀。雨燕的足非常短小，不适合行走，所以它们白天几乎不停地飞翔。

蜂鸟

高速振动

蜂鸟以每秒钟 80 次的频率振动翅膀，在花丛间悬停、飞行，进退自如，吸取花朵深处的蜜汁。

拍翅的小技巧

拍动翅膀飞行是鸟类的基本飞行方式。拍翅分为上抬翅膀和下拍翅膀。上抬时翅膀弯曲，羽毛散开，形成裂缝，减少空气阻力。下拍时翅膀伸直，羽毛并在一起连成整块，得到较大的浮力。

鸟类的翅膀
每一根有飞行功能的羽毛都长有倒刺和羽毛管。
强韧的初级飞羽可为鸟提供动力。
羽毛的末端可改变飞行的方向并提供浮力。
初级飞羽
覆羽组成了鸟翅光滑的表面，有利于飞行。
次级飞羽

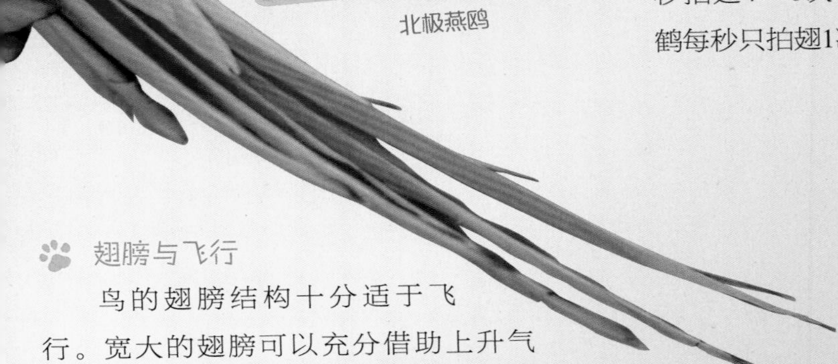

北极燕鸥

多久拍一次翅膀

各种鸟每秒钟拍动翅膀的次数是不一样的。鸟越大，拍翅的次数就越少。海鸥每秒拍翅3～4次，鸽子每秒拍翅4～6次，身体庞大的鹤每秒只拍翅1次。

鸽子

翅膀与飞行

鸟的翅膀结构十分适于飞行。宽大的翅膀可以充分借助上升气流，使得像猎鹰这样的大型鸟类在空中长时间盘旋而不累；信天翁的翅膀又细又长，适于长途飞行；雨燕借助细长的后掠翼，成为飞得最快的鸟类。北极燕鸥则是迁徙得最远的鸟类。它们每年冬天可以从北极一直飞到南极过冬，春天来到的时候，再从南极飞回北极，往返达8万千米之遥，令人惊叹！

金翅雀

色彩鲜艳的羽毛

火烈鸟羽毛

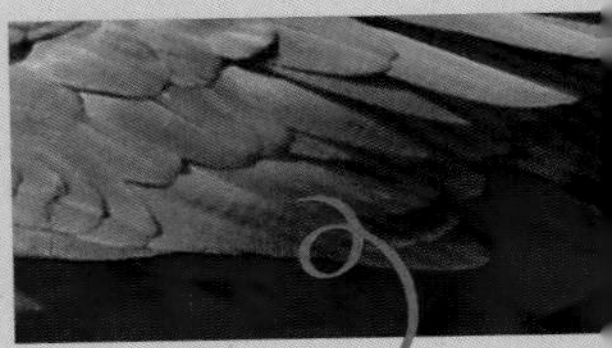

金刚鹦鹉羽毛

孔雀羽毛

高机动性能

雀类的小翅膀宽阔圆钝，能够在短时间内加速并控制方向。如金翅雀的翅膀就有这样的特技。雀类平常只进行短途飞行，飞行过程中能突然改变方向，非常灵活，所以容易捕捉飞行中的猎物。

白鸽

天空的王者——白头海雕 Bald Eagle

白头海雕又叫秃鹰，是唯一原产于北美洲的雕，因纯白色的头部而得名。它们栖息在河流、湖泊和海洋的沿岸。它们总是与水相伴，仅在迁徙时，才沿山脊活动。雌鸟的体形往往比雄鸟大。

钩状喙有利于捕捉食物。

强盗鸟

仗着自己是天空的王者，白头海雕极喜欢从别的鸟类口中偷抢食物。它们会在半空中夺走鹤捕的鱼；会赶走一群吃腐肉的鹫，独享它们的美食；有时还跟海獭争食；也常常追击鱼鹰，迫使它们交出抓住的鱼，据为己有。因此有人称白头海雕为“强盗鸟”。

敏锐的视觉

白头海雕不仅威武雄壮，而且视力非常好。一般说来，鸟类的色觉是所有动物中最好的，而白头海雕的视觉明晰度却超乎寻常，甚至比色觉还好，视物比人类清楚3倍。

白头海雕捕鱼。

眼睛太大，以至于眼部肌肉几乎没有活动的空间。

白头海雕能将头部转动270°。

我的名片

家族：脊索动物门，鸟纲，隼形目，鹰科

分布地区：北美洲

主要食物：羊羔、鱼、兔子、腐肉

身长：70~102厘米

身穿彩衣的鹦鹉 Parrot

非洲灰鹦鹉

大部分鹦鹉都具有色彩鲜艳的羽毛，是一种美丽的鸟。它们大多吃水果、种子和花蜜。它们通常成群或是成对飞行于雨林的上空，飞行时喜欢大声鸣叫。全球有300多种鹦鹉，大部分栖息在南半球。由于人们滥伐森林和非法捕猎使许多种类的鹦鹉数量减少，有些种类甚至已面临着灭绝的危险。

紫蓝金刚鹦鹉

能食毒的鸟

鹦鹉能吃雨林中有毒的种子而不会中毒。因为它们在特定的河岸地，用有力的喙啄食大块的土，这种土含有药用的矿物质，例如高岭土就能化解它们所摄入的毒物。

最大的鹦鹉

生活在南美洲的紫蓝金刚鹦鹉是鹦鹉家族中最大的，体长可达1米。它们全身都是紫蓝色的，只有眼睛周围是鲜艳的黄色。它们的喙出奇地大，能敲碎坚硬的棕榈树坚果的外壳。紫蓝金刚鹦鹉通常成对或成群活动。

戴围脖的鹦鹉

与其他鹦鹉相比，红领绿鹦鹉体形较小，身体纤细，尾巴较长。它们的体色主要为绿色，但雄鸟的颈部有一窄条黑红色环纹，像戴着一条围脖。这种鹦鹉善于攀爬，飞翔迅速，有与乌鸦、椋鸟混居栖息的习性。

红领绿鹦鹉

金刚鹦鹉

我的名片

家族：脊索动物门，鸟纲，鹦形目

分布地区：热带、亚热带地区

主要食物：浆果、坚果、种子、花蜜

身长：8~100厘米

体重：10~4000克

鹈鹕

Pelican

鹈鹕的模样看上去有点像天鹅，但它们的喙却像一把尖嘴钳，并且有大大的喉囊。鹈鹕喜欢群居，栖息于沿海湖沼、河川，以鱼类为食。它们经常成群地在水里捕鱼、游泳和嬉戏。

高空侦察

鹈鹕像低空俯冲的轰炸机，在漫长的海岸线上巡逻，密切注视着下方水面。它们的视力很好，一旦发现鱼群便立即收起自己宽大的翅膀，从约15米的高空直冲入水中，将鱼捕获。

褐鹈鹕

褐鹈鹕体形比白鹈鹕小一些，体长大约100～152厘米。它们在大西洋和太平洋的热带和亚热带海岸线上生活，往往单独或成小群活动，并能像潜鸟一样潜入水中捕鱼。

褐鹈鹕

鹈鹕的现状

鹈鹕一度种群数量极大，但因为DDT及其他杀虫剂的使用，1940～1970年，其种群数量急剧下降。DDT被禁止使用后，其种群数量有所提高。

卷羽鹈鹕

卷羽鹈鹕体形硕大，全身羽毛灰白，仅飞羽羽尖为黑色。它们颈背具有卷曲的冠羽，因此叫卷羽鹈鹕。卷羽鹈鹕栖息于湖泊、江河及沿海水域，喜欢群居和游泳，却不会潜水。它们的数量已经相当少。

围捕

在捕食时，鹈鹕常常是群体出击，用双翅扑腾击水，巧妙地把鱼群赶到浅水滩处，这时鱼儿如瓮中之鳖，无处可逃。鹈鹕捕到鱼后，会带到岸边来吃，以防止鱼儿逃跑。

围捕猎物

卷羽鹈鹕

斑嘴鹈鹕

斑嘴鹈鹕的喙长而粗，呈粉红的肉色，上下喙的边缘具有一排蓝黑色的斑点，这是它们的显著特征之一。斑嘴鹈鹕主要为留鸟，只有少部分迁徙，栖息于沿海海岸、江河、湖泊和沼泽地带。

白鹈鹕

鹈鹕科中最有名的是白鹈鹕。白鹈鹕是一种大型游禽，身长可达180厘米。体羽为淡粉白色，翅膀大而阔，头后有一束长而狭的羽毛，胸上有一束淡黄色羽毛。它们的翼幅最宽可达300厘米，这使它们成为世界上最大的水鸟之一。

白鹈鹕

我的名片

家族：脊索动物门，鸟纲，鹈鹕目，鹈鹕科

分布地区：除南极以外的所有大陆

主要食物：鱼类

身长：100~180厘米

震击鱼群

褐鹈鹕捕鱼时，先是飞上高空，然后略收翅膀，从空中直冲而下，落在水面上。它们硕大的身体拍击水面，产生强烈的震动，这巨大的声音能传到几百米远，能击昏水下1.5米处的鱼。

展翅欲飞的鹈鹕

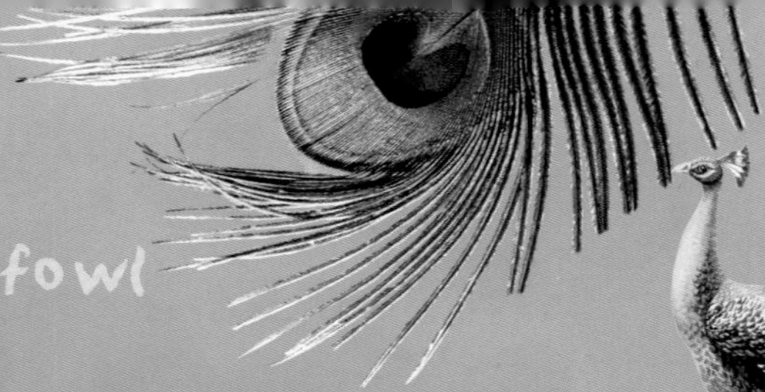

孔雀 Peafowl

孔雀是世界上有名的观赏鸟。雄孔雀有一身美丽的羽毛，用来吸引异性。它们大部分时间是成群生活，只有在繁殖季节，雄孔雀才会确定自己的领地，并会与侵入领地的其他雄孔雀争斗。处在繁殖季节的雄孔雀还会发出响亮的叫声，以引起异性的注意。而雌孔雀则没有美丽的羽毛。

孔雀的伪眼长在每根羽毛的末端。

闪烁不定的伪眼

孔雀的羽毛表面覆盖着一层薄薄的角质，能把阳光反射成夺目的色彩。这种颜色会随光照角度的变化而改变，很不稳定。因此在羽毛移动时，羽毛上闪亮的“伪眼”会随着位置的变化而改变颜色。

白孔雀

雌性绿孔雀

多彩的家族

孔雀是一种美丽的鸟。有生活在云南南部和东南亚的绿孔雀，生活在印度和斯里兰卡的蓝孔雀。另外，还有一种数量稀少的由蓝孔雀变种的白孔雀。最常见的孔雀就是蓝孔雀。

我的名片

家族：脊索动物门，鸟纲，鸡形目，雉科

分布地区：东南亚、印度、斯里兰卡

主要食物：谷物、浆果、昆虫、小型爬行动物

身长：180~230厘米

成双成对的鸳鸯

Mandarin Duck

鸳鸯是一种小型野鸭，属于栖鸭类。鸳鸯长得非常美丽，尤其是雄鸳鸯，头后长着一丛赤金带绿的冠羽，翅膀上有一对扇形饰羽，像船帆一样。鸳鸯栖息在树上，在陆地上觅食，而平时则在水中游弋、嬉戏。鸳鸯生性机警，极善隐蔽，飞行的本领也很强。

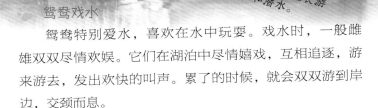

鸳鸯十分擅长游泳和潜水。

鸳鸯戏水

鸳鸯特别爱水，喜欢在水中玩耍。戏水时，一般雌雄双双尽情欢娱。它们在湖泊中尽情嬉戏，互相追逐，游来游去，发出欢快的叫声。累了的时候，就会双双游到岸边，交颈而息。

处于繁殖期的雌雄鸳鸯十分亲近。

在树上筑巢

鸳鸯栖息在山地森林中的河流、湖泊或芦苇沼泽地。它们善于游泳和潜水，喜欢在水边集群活动或休息。但在产卵前，为了宝宝的安全，鸳鸯会寻找靠近水边的大树，在距离地面10米左右高的树洞中筑巢，将卵产在里面，由雌鸳鸯孵化。

雌雄鸳鸯的外形差别很大，红嘴黄腿、毛色鲜艳的为雄性。

并不恩爱的鸳鸯

长期以来，鸳鸯几乎成了恩爱、感情专一的代名词。可是，实际情况果真如此吗？据动物工作者在长白山自然保护区观察，发现鸳鸯平时不一定有固定的配偶关系，只是在繁殖期才表现出那种成双成对、形影不离、情意绵绵的模样。繁殖后期产卵孵化时，雄鸟并不参与。抚育雏鸟的任务也完全由雌鸟承担。如果一方死亡，另一方很快另结新欢，而把“旧情”抛在脑后。

我的名片

家族：脊索动物门，鸟纲，雁形目，鸭科

分布地区：东亚、南亚及东南亚

主要食物：鱼、虾、野果、草籽、昆虫

身长：最长达49厘米

白天鹅，黑天鹅 Swan

天鹅是一种美丽的水鸟，它们长着优雅修长的脖颈，在水中游动时常常将脖颈弯成非常优美的“S”形，显得高贵端庄，轻盈悠闲，带给人们无限美好的遐想。天鹅栖息于湖边和沼泽地中，冬天为了寻找食物而向南方迁徙。飞行时的天鹅身姿舒展，长颈微微上扬，双翼优美地扇动，在天空中形成一道极美的景致。天鹅包括大天鹅、小天鹅、黑天鹅、疣鼻天鹅等。

“丑小鸭”变“白天鹅”

天鹅在幼年的时候并不漂亮，而是浅灰色的“丑小鸭”。直到长得和父母一样高大时，它们才拥有一身洁白的羽毛，变得端庄美丽。每年的春夏之交、秋冬之交，天鹅都要分别换上轻巧的“夏装”和保暖的“冬装”。在换上一身新装后，它们更显得精神焕发，神采飞扬。

天鹅终生不换配偶，平时雌雄成对生活，形影不离。

黑天鹅

澳大利亚黑天鹅是世界上唯一一种全黑的天鹅，它们只有翅尖是白色的。这种鸟非常乐于群居，经常上千只结群栖息在浅滩地。不论在水中还是陆地上，它们经常把一只脚蜷到背上。黑天鹅不仅美丽，声音也很嘹亮，在很远的地方都可以听见。黑天鹅在19世纪60年代被引进到新西兰，现在遍布新西兰各地。

黑天鹅

我的名片

家族：脊索动物门，鸟纲，雁形目，鸭科

分布地区：中国、俄罗斯及北欧

主要食物：植物的种子、软体动物

身长：90~150厘米

翼展：约300厘米

优雅仙子丹顶鹤

Red-crowned Crane

丹顶鹤全身洁白，体态优雅，舞姿优美动人，鸣声超凡脱俗，在中国文化里一直被视为仙禽，故别名仙鹤。它们最醒目的特征就是裸露的头顶皮呈现出耀眼的一点丹红，像是镶着一颗大宝石，故名丹顶鹤。丹顶鹤主要生活在中国的嫩江、松花江、乌苏里江和黑龙江中游一带。

恩爱夫妻

丹顶鹤通常是集群而居的，但到二三月份，雌、雄鹤就开始离群配对。不久，它们会散居在沼泽区各处筑巢，并圈定各自的繁殖地域。在交配前，雄鹤会跳起优美的求偶舞。它的颈部向前伸出，随后头俯向地，且跃且舞，富有诗意。和许多大型鸟类一样，两只丹顶鹤一旦结为“夫妻”，就终生不再分离。丹顶鹤伴侣之间不仅恩爱无比，而且有很强的家庭观念，它们分工合作，共筑爱巢。

丹顶
细长的喙

形影不离的丹顶鹤“夫妻”

我的名片

家族：脊索动物门，鸟纲，鹤形目，鹤科

分布地区：蒙古东北部、中国东北、俄罗斯和日本

主要食物：嫩芽、种子、水草、水生昆虫、软体动物、鱼类

身长：101~150厘米

体重：不超过10千克

丹顶鹤

丹顶鹤的头顶部裸露着鲜红色的“丹顶”，十分醒目。但丹顶鹤的幼鸟没有“丹顶”，只有达到性成熟后，“丹顶”才会出现。“丹顶”的大小和色度也不是固定的。春季发情时“丹顶”色彩鲜艳，冠较大；冬季时冠则较小。

能歌善舞

每当清晨或黄昏，丹顶鹤会伸长脖子发出清脆嘹亮的声音，联络群体中的其他成员。到了繁殖季节，雌鹤和雄鹤还会伴着有节奏的洪亮叫声，半展着双翅，或引颈抬头，或弓身屈腿地翩翩起舞，优美极了。

翩翩起舞的丹顶鹤

信天翁 Albatross

信天翁是大型海鸟，是最大的飞鸟之一，分布于广阔的海洋区。它们有着管状的鼻子，嘴很大，前端有弯钩。它们是最善于滑翔的鸟类之一，有风时可以在高空停留几个小时。没风时，它们就浮在水面上。信天翁以捕食鱼类为生。

漂泊信天翁双翅展开时可达约3.5米。

笨鸥的起飞

信天翁的脚不发达、很短，在陆地上显得很笨拙，所以人们叫它们“笨鸥”。在平坦的地面上，它们需要助跑才能起飞，或者用喙作钩，爬到高处后展翅滑行再起飞。

碰嘴定亲

求偶时，雄信天翁会同前来的雌信天翁互相碰嘴，如果两相情愿，双方就同时伸直脖子，大嘴朝天，以胸部互相摩擦，发出欢快的叫声。

滑翔能手

所有的信天翁都是滑翔能手。海面上，当浪涛滚来，它们展开双翅，用脚蹼踏浪前进，并利用气流升上天空。在空中，依靠风力慢慢地滑翔；下降到水面时，利用气流再次升空。

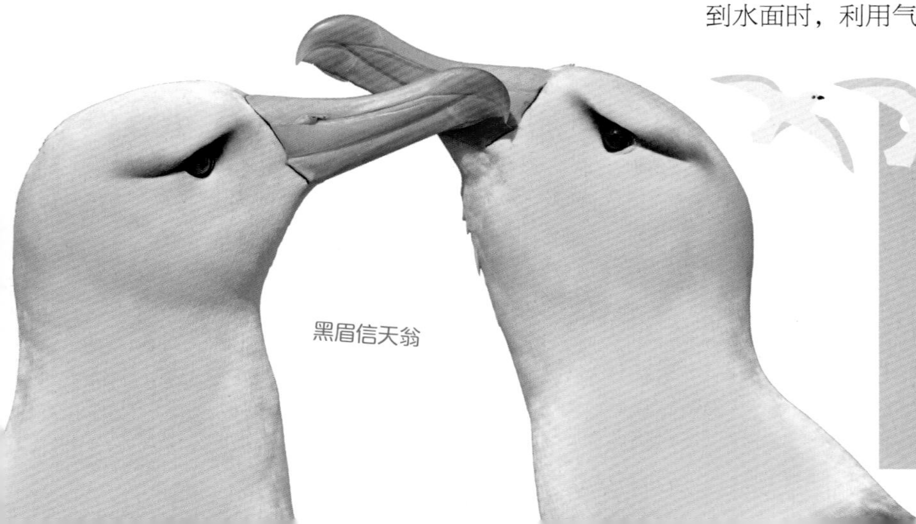

黑眉信天翁

我的名片

家族：脊索动物门，鸟纲，鹱形目，信天翁科

分布地区：太平洋、印度洋和大西洋及其岛屿

主要食物：鱼类、软体动物

身长：95厘米

森林医生啄木鸟 Woodpecker

啄木鸟以在树皮中探寻昆虫和在枯木中凿洞为巢而著称。全世界有217种啄木鸟，分布广泛，除了南极洲、大洋洲及马达加斯加这样的孤岛外，都可以见到它们的身影。啄木鸟是典型的攀禽，生活于森林中，它们沿着树干攀缘时，尾巴起着支撑身体的作用。

大斑啄木鸟

啄木鸟有着强直尖锐的喙，可用来凿开树皮，钩出树里的虫子。

森林医生

啄木鸟几乎完全以昆虫为食，在总食量中，昆虫占90％以上，有的甚至高达99%，且均为森林害虫，因此啄木鸟被誉为“森林医生”。

大斑啄木鸟

大斑啄木鸟是啄木鸟中最常见的一种，也是中国分布最广的啄木鸟。在冬春两季时，因捕虫困难，它们常以浆果、松子为食。

啄木鸟妈妈正在给孩子喂食。

我的名片

家族：脊索动物门，鸟纲，䴕形目，啄木鸟科

分布地区：除大洋洲和南极洲外的世界各地

主要食物：钻木的昆虫、蚂蚁、白蚁、坚果、种子、树液等

身长：7.5~50厘米

钻木筑巢

由于啄木鸟凿洞的本领较强，它们会在树干上凿出各种不同形状的洞。这些洞有不同的用处：有的作为哺育幼鸟的育婴室，有的作为自己的巢穴。啄木鸟每年都要搬到新凿的洞里去，而那些被抛弃的旧巢，则被其他动物当作现成而舒适的巢。

美国的黄色啄木鸟

翠鸟 Kingfisher

翠鸟羽毛鲜亮，雌雄毛色差异很小。

翠鸟披着色彩鲜艳的外衣，它的头部为暗蓝色，上面点缀着艳丽的翠蓝色细斑。眼下和耳羽呈栗棕色，耳后颈侧为白色，体背为灰翠蓝色，胸部呈鲜明的栗黄色，肩和翅呈暗绿色，翅上杂有翠蓝色斑。翠鸟身体结实，其头部较大，喙长而坚固，腿短，大多数尾短或适中。翠鸟的捕猎技术是非常高明的。

钓鱼郎

中国最常见的翠鸟生活在水边，专门吃鱼，俗称“钓鱼郎”。钓鱼郎属于中小型鸟类，头大，体小，喙强而直，前端尖锐，外形有点像啄木鸟，但是尾部却又很短。娇小的体形意味着它们只能以比较小的鱼为食。

鹳嘴翠鸟

跳水健将

翠鸟不善于游泳，却是杰出的“跳水健将”。它们常常站在水边的树枝或者岩石上，一旦看准了目标，就像一颗出膛的子弹，一下子“射”入水中，用尖锐的大喙既准又狠地捕鱼，然后像深水下发射的火箭一样，叼着鱼儿快速离开水面，飞回原来站立的地方。翠鸟怕到口的鱼儿逃跑，所以每次都是先吞下鱼头，然后再美美地享用鱼的其余部分。

我的名片

家族：脊索动物门，鸟纲，佛法僧目，翠鸟科

分布地区：世界性分布，但主要在热带

主要食物：鱼

身长：10~46厘米

最小的鸟——蜂鸟

Hummingbird

蜂鸟

蜂鸟是世界上最小的鸟类，最小的蜂鸟和蜜蜂差不多大小，南美洲最大的蜂鸟——巨蜂鸟有23厘米长，18～24克重。蜂鸟虽然很小，但眼睛却大而有神。它们披着一身艳丽的羽毛，有的还长着一对随风飞舞的长尾巴。蜂鸟的喙又细又长，像一根管子，能伸到花朵里面去吸取花蜜。它们飞行采蜜时高速振动的翅膀能发出“嗡嗡”的似蜂鸣般的响声，因而被人们称为蜂鸟。

在空中悬停的蜂鸟

针管状长喙

蜂鸟在百花盛开、草木繁茂的季节外出寻找食物，以吸食花蜜为生。它们长着一个针管状的长喙，细长而分叉的舌头还能够自如地伸缩。采集花蜜时，它们先用长喙将花蕊分开，然后把舌头伸进花蕊，吮吸甜滋滋的花蜜。

我的名片

家族：脊索动物门，鸟纲，雨燕目，蜂鸟科

分布地区：美洲中南部的森林地带

主要食物：花蜜

身长：5~23厘米

体重：2~24克

蜂鸟细长的喙便于在花中取食。

蜂鸟

蜂鸟90%的食物来自花蜜。

空中杂技表演

蜂鸟的飞行本领十分高明，飞行姿势变化多端，被誉为“空中杂技演员”。蜂鸟最大的一项本领，是采花蜜时能在花前几乎不动地悬空逗留，就像一架悬停在半空的直升机。除此之外，蜂鸟还能笔直地向上、向下、向左、向右飞行，甚至还可以倒退着飞行，这是蜂鸟的独门绝技。

火烈鸟鲜红的羽毛

红红的火烈鸟 Flamingo

火烈鸟生活在美洲、非洲、欧洲和亚洲的部分地区。它们身披红色羽毛，高雅端庄，站立时细长的脖颈弯曲成优美的“S”形。由于它们身上的颜色鲜红，所以又被叫作红鹳。

火烈鸟喜欢群居生活，一个鸟群往往有成千上万只火烈鸟。

过滤法吃食

火烈鸟拥有鸟类中独一无二的滤食能力。它们的嘴里长了一排像梳子一样、起过滤器作用的角状组织。火烈鸟在水中将嘴朝上，用厚而多刺的舌头吸水，将泥沙过滤掉，食物颗粒则通过“过滤器”进入胃中。

红色羽毛的由来

关于火烈鸟红色羽毛的由来，有两种不同的说法：一种认为是祖先遗传的；另一种认为是后天获得的。现代科学研究证明，因为它们吃了一种绿色的小水藻，而这种小水藻经过消化系统的作用，产生会使羽毛变红的物质，这样便形成了红色的羽毛。

休憩的火烈鸟

我的名片

家族：脊索动物门，鸟纲，鹳形目，红鹳科

分布地区：非洲、美洲、欧洲、亚洲

主要食物：昆虫、甲壳动物、水草

身长：80~140厘米

休憩

火烈鸟的休憩场面十分有趣：有的单腿直立，有的蹲在岸边，有的将头埋在翅膀下面，有的彼此嬉戏。由于胆子很小，如果受到惊吓，它们就会成群飞起来，顿时铺天盖地，遮天蔽日，就像一片红色祥云，蔚为壮观。

北极燕鸥 Arctic Tern

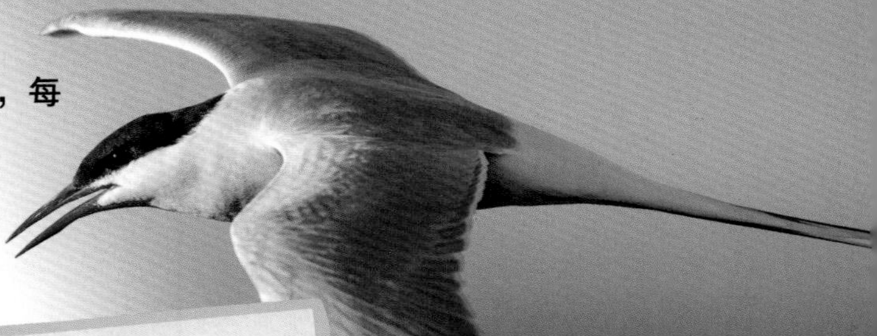

北极燕鸥体态优美，被人们尊为北极的神物，每年它们会度过两个夏天。北极的夏天，它们快乐地在那里繁衍生息；到了冬天，它们便开始了长途跋涉，从北极飞到南极去过夏。北极燕鸥轻盈得好像会被一阵狂风吹走似的，然而却能在南北两极进行令人难以置信的长距离飞行。

北极燕鸥的头顶是黑色的，像是戴着一顶呢绒帽子。

筑巢

北极燕鸥的巢通常很简陋，随便在沙地里挖个小坑就行了，有时也铺一些树枝和草叶。由于北极燕鸥的蛋上有许多斑纹，看起来和周围的沙砾非常相似，所以不易被发现。

光明中的生存

北极燕鸥可以说是鸟类飞行王者。它们在北极繁殖，却要到南极去越冬，每年在两极之间往返一次，行程约2万千米。它们总是赶在两极的夏季到那里生活，而两极的夏天太阳总是不落的，所以它们生命中大部分时间都生活在白天。不仅如此，它们还有非常顽强的生命力。1970年，有人捉到了一只腿上套着1936年脚环的燕鸥，也就是说，这只北极燕鸥至少已经活了34年。由此算来，它一生当中至少要飞行150多万千米。

北极燕鸥在南极的浮冰上嬉戏。

北极燕鸥捕食。

捕食

北极燕鸥捕食海鸠，尤其喜欢吃海鸠的蛋和雏鸟，有时也会吃成年的海鸠。北极燕鸥经常在海面上空做超低空盘旋，等待潜水捕鱼的海鸠冒出水面时，便乘其不备，吞而食之。

我的名片

家族：脊索动物门，鸟纲，鸻形目，鸥科

分布地区：北极附近地区

主要食物：小鱼、甲壳动物

身长：28~39厘米

翼展：65~75厘米

南极的绅士企鹅

Penguin

企鹅不是鹅，而是一种不会飞的水鸟。它们身穿“燕尾服”，挺着雪白的大肚皮，摇摇摆摆，憨态可掬。世界上现存的企鹅约17种，其中著名的种类有小蓝企鹅、王企鹅、帝企鹅等，但只有阿德利企鹅和帝企鹅栖息在南极本土。

南极企鹅家族

小翅膀大用处

企鹅的翅膀比较短小，进化成鳍肢，不能飞，却适于在水中划行。而在雪地上时，企鹅又把翅膀当“滑雪杖”飞快滑雪。

温暖的集体

为了抵御南极的严寒气候，几千只企鹅会紧靠在一起，头部面向中央围成圈。处在中心的企鹅会一个接一个地渐渐向外移动，以便让外面的企鹅进到中间来取暖。

翅膀很小，但具有鳍的功能。
视力极好，眼皮很薄，潜水时也可以睁开眼睛。
尾巴呈三角形，又短又硬，能帮企鹅在水中掌握方向。
脚上有蹼，便于游泳。

喙又弯又窄，擅长捕鱼，也可用来保护自己。

帝企鹅

帝企鹅

帝企鹅是企鹅世界中的“巨人”，一般身高在100厘米以上，最高可达到120厘米，体重可达22～45千克。帝企鹅成群地聚集在南极冰川，热闹非凡而又井然有序。为了抵御严寒，它们通常成群地围在一起，数量从十几只到几百只不等。

我的名片

家族：脊索动物门，鸟纲，企鹅目

分布地区：南极的岛屿、南非、澳大利亚、新西兰和南美洲的寒冷海滨

主要食物：甲壳动物、鱼

身长：33~110厘米

小企鹅从爸爸的育儿袋中探出头来，好奇地张望着。

模范爸爸

帝企鹅从不筑巢，企鹅妈妈产下卵后，爸爸就将卵放在脚上，用腹部下端的皮肤把卵盖住。为了保持卵的温度，爸爸没法吃东西，完全靠消耗脂肪维持生命。这种状态要持续两个月。企鹅宝宝出生后的第一口食物是由爸爸喂的。接下来，远行捕鱼回来的企鹅妈妈会让宝宝美餐一顿。帝企鹅爸爸这才把宝宝交给妈妈，放心去捕食。

帝企鹅

爱的舞蹈

企鹅的交配期是在寒冷的冬季。为了互相吸引，雄企鹅和雌企鹅会面对面地来回摇摆，并以舞蹈般的优雅姿势将喙朝向天空，发出像喇叭一样的叫声。

巴布亚企鹅

最大的鸟——鸵鸟

Ostrich

鸵鸟是现存的体形最大的鸟，同时也是唯一的二趾鸟，生活在非洲的热带沙漠和草原地区。这种鸟高高的个头使它们能及早发现逼近的掠食动物。鸵鸟虽有翅膀，但是不能飞翔，而只善于奔跑，其飞奔的速度每小时可达70千米。鸵鸟常结成5～50只的群体，与食草动物相伴。

鸵鸟蛋
鸡蛋
鹌鹑蛋

巨大的鸟蛋

鸵鸟蛋是鸟蛋中的巨无霸，每枚蛋纵径长15～20厘米，重1.2～1.7千克。而且，鸵鸟蛋壳质地十分坚硬，厚度可达2毫米，即使一个成年人站在上面，也不会把它踩破。

不能飞翔

鸵鸟庞大沉重的身躯阻碍了飞翔，因此它们已经没有飞羽，更无尾脂腺，羽毛平均分布在体表，飞翔器官已高度退化。

求偶

进入繁殖期的雄鸵鸟身着盛装，养精蓄锐，以便在求偶决斗中取得胜利，获得雌鸵鸟的青睐。鸵鸟一旦找到配偶，就多年保持不变。

雌鸵鸟在繁殖期会表现得很温柔，也会主动接近雄鸵鸟。

最大的鸟

雄鸵鸟站立时大约有2.5米高，体重可达130千克。雌鸵鸟稍小一些。要是让它们站在你的家里，它们的脑袋几乎可以碰到天花板！

极善奔跑

鸵鸟虽然不会飞，却善于飞奔。当它们受到惊吓或逃避天敌时，能以每小时40～70千米的速度高速奔跑。这样快的速度，不仅令羚羊望尘莫及，连斑马也甘拜下风，而鸵鸟却能保持着这样的速度在广阔的沙漠里持久奔跑。

鸵鸟粗壮的长腿十分利于奔跑。

称职的爸爸

在鸟类王国中，雄鸵鸟可称得上是十分称职的爸爸。在繁殖季节，雄鸵鸟不但要筑巢，而且孵卵的任务也主要由雄鸵鸟承担，而鸵鸟妈妈孵卵的时间却很少。这是因为雄鸵鸟的体色比雌鸵鸟的体色深，不容易被敌害发现。

鸵鸟爸爸和宝宝

我的名片

家族：脊索动物门，鸟纲，鸵形目，鸵鸟科

分布地区：非洲东部大沙漠和稀树草原地带

主要食物：昆虫、小蜥蜴、小乌龟

体高：175~250厘米

体重：100~130千克

夜猫子——鸮 Owl

我的名片

家族：脊索动物门，鸟纲，鸮形目

分布地区：除极地冰盖外的世界各地

主要食物：鼠类、鸟类、昆虫

身长：13.5~71厘米

鸮（xiāo）又称猫头鹰，具有鹰一样的钩状喙和爪，属于食肉性猛禽。鸮的两眼位于面部正前方，眼的四周有放射状羽毛，形成“面盘”。它们的夜视力极好，听觉灵敏，一般白天睡觉，夜晚活动。鸮的羽毛柔软，飞行时悄无声息。它们以鼠类为食，是农林卫士。

雪鸮

雪鸮栖息在北极苔原，主要捕食北极的旅鼠和野兔。雪鸮全身洁白，与北极冬季的环境融为一体，可以避免被敌害发现。到了夏季，雪鸮洁白的羽毛会变成褐色。雪鸮在地面上筑巢，每次产卵5 ~ 11枚。

雪鸮

仓鸮

仓鸮是世界上分布最广的鸟之一。仓鸮头大而圆，面庞呈心形，白色，周围有一个棕色的环，很容易辨认。仓鸮白天多藏于房顶、树木和山洞中，夜晚则到开阔的地面上空觅食。它们通常在夜间悄无声息地盘旋，一旦发现猎物便俯冲而下，动作极为敏捷。

仓鸮

雕鸮

雕鸮

雕鸮全身的羽毛均为沙棕色，并伴以黑褐色的纵纹，酷似雕类，所以被称为雕鸮。雕鸮的喙常叩击发出“嗒嗒”声，夜晚时听起来非常恐怖。它们主要栖息于山地林间，以啮齿动物为食。

Chapter 3

海底总动员

什么是鱼？ Fish

在地球上各种水域中，不论从寒冷的两极到炎热的赤道，还是从海拔6000米的高原山溪到海面以下的万米深海，都有鱼类的身影。鱼类是一种体表覆盖骨质鳞片，用鳃呼吸，用鳍运动，靠上下颌取食的变温水生脊椎动物。

鱼的鳞片

鱼类的鳞片有很多类型。多数硬骨鱼的鳞片是骨鳞，部分重叠，呈覆瓦状排列在表皮上面，根据露出部分是圆滑还是呈齿突状，又可分为圆鳞和栉鳞。鲨鱼的鳞片是盾鳞，像牙齿结构的鳞镶嵌在皮肤里，形成砂纸一样的表面；长吻鱼有钻石状的硬鳞；还有的鱼，如鲶鱼，根本就没有鳞。

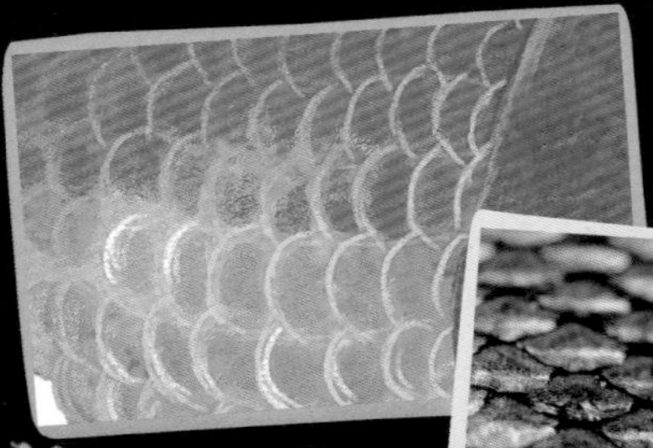

金鱼鱼鳞

三文鱼鱼鳞

数鱼龄

在显微镜下我们可以看到鲤鱼鳞片上长有一圈圈的生长轮，这可用来估计年龄。鳞片会随着身体的成长而增大。如果生长轮之间的距离较宽，表示在那段时间内鱼的生长速度比较快。

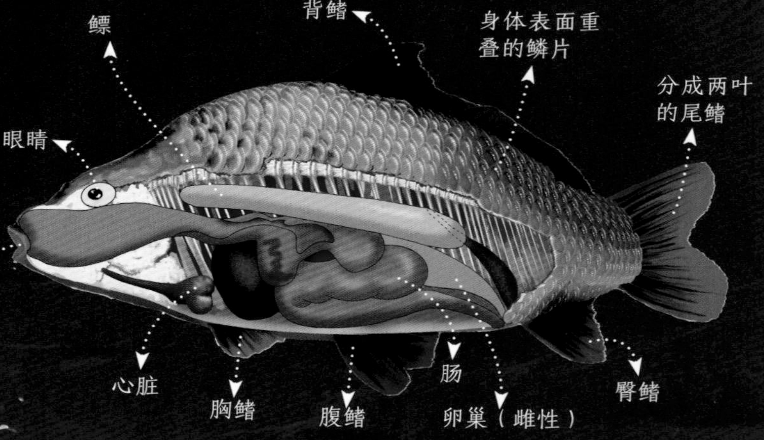
背鳍
鳔
身体表面重叠的鳞片
分成两叶的尾鳍
眼睛
嘴
心脏
胸鳍
腹鳍
肠
卵巢（雌性）
臀鳍

鲤鱼的剖面图

咸水鱼和淡水鱼

由于地球上各水域的水质不同，所含盐分也不同。因此生活于其中的鱼又分为咸水鱼和淡水鱼。但是有几种鱼却能在咸水与淡水之间迁徙。如鲑鱼从海洋游到淡水的河流中产卵，而鳗鱼由淡水环境迁移到咸水环境产卵。

黄背梅鲷

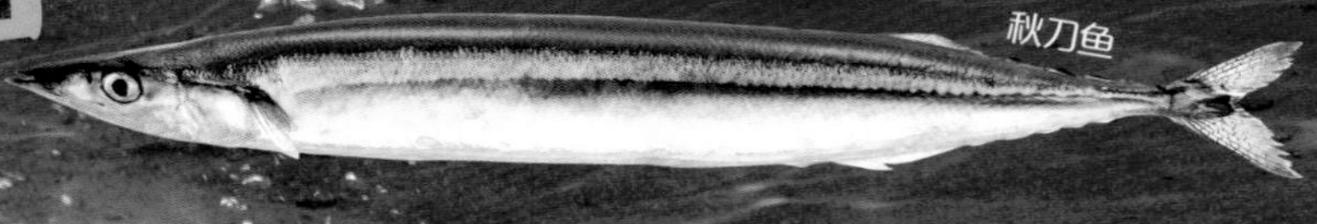

秋刀鱼

龙鱼

体形

鱼类的体形多数为纺锤形、扁平形或棍棒形，这样能减少在水中游泳时受到的阻力。

像鱼而不是鱼

有一些水生动物看起来像鱼，生活习性也像鱼，但是它们不是鱼。如墨鱼、鲸、海豚、海豹等。墨鱼属于软体动物，而鲸、海豚和海豹属于哺乳动物。

感觉

鱼身体上的侧线是一排感觉器官，可以感觉到声波的震动。侧线是皮肤下面注满液体的管子，身体的两侧各有一条。当声波的震动信号通过皮肤传到侧线，就会刺激神经末梢，把信息传到大脑。

墨鱼

金枪鱼

蓝颊鹦嘴鱼

适应水里环境

所有的鱼都非常适应水生环境，拥有流线型的体形，具有高超的游泳技能。它们都朝着尽量减轻水压和减少水中行进阻力这些方面不断地进化和发展。

鹦鹉嘴鱼

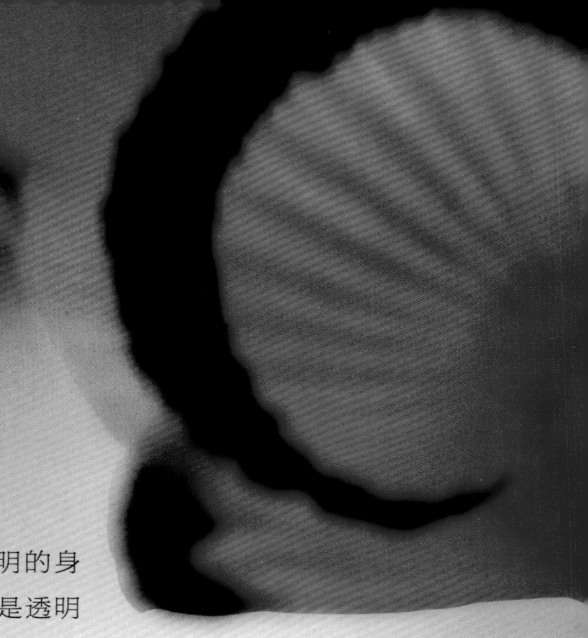

缤纷的色彩 Color

无论是在浅海的珊瑚礁下，还是在大洋的深处，都有形形色色的鱼。它们都很懂得用各种各样的颜色和斑纹来保护自己。它们或是暗淡无光，或是鲜艳夺目、五彩缤纷，或是通体透明。

X 射线鱼

透明的身体

X射线鱼的名字缘于它们透明的身体。它们没有亮丽的色彩，几乎是透明的，肌肉、皮肤和脊柱也清晰可见，就像X光片一样。其他器官的周围被一层银色所覆盖，当遇到光时，就会闪烁。

蓝色的条纹

蓝环神仙鱼的身上有一条条闪亮的蓝色条纹，肩部有一个蓝色的环，因此得名“蓝环神仙鱼”。它们身上的颜色在同类中是极具视觉冲击力的。

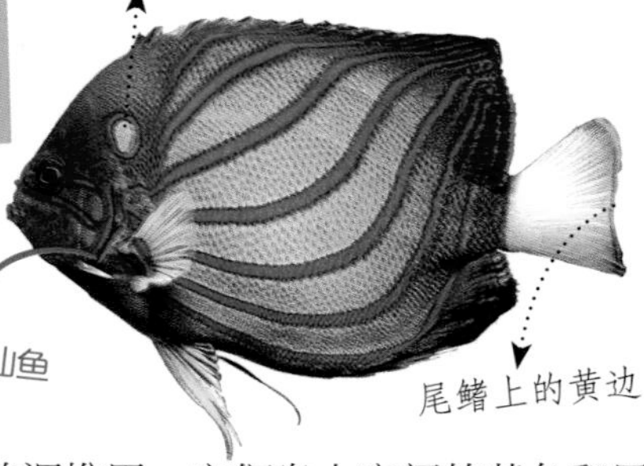
蓝圈环绕的假眼睛
尾鳍上的黄边
蓝环神仙鱼

由黄变蓝

刺尾鱼身体肥厚，但鱼身很窄，具有斑斓的色彩。它们小的时候是黄色的，在长大的过程中逐渐变成蓝色。它们的尾端长着两片交叠着的骨片，当遇到威胁时，会来回挥动骨片，划伤对方。

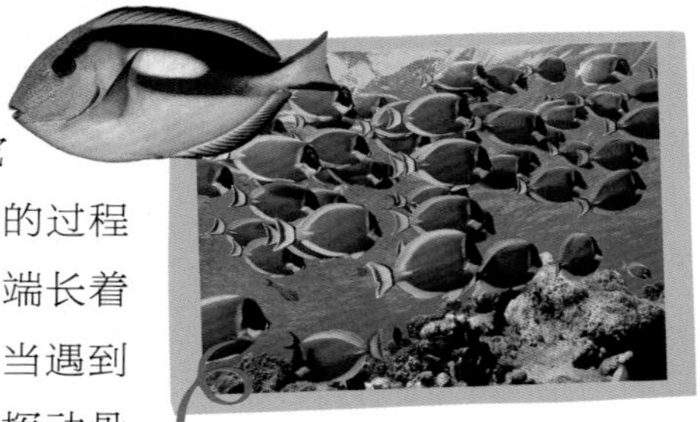
刺尾鱼

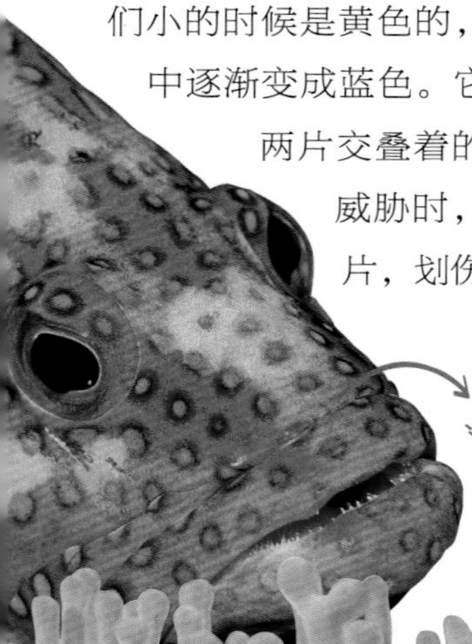
澳大利亚细斑石斑鱼

躲起来

丑鳅喜欢躲在湖泊底部的泥堆里，它们身上宽阔的黄色和黑色条纹，不仅是识别它们的明显标记，还是它们很好的伪装。当它们在水底时，很像沉在水底的枯枝，或是植物茎秆的影子。

改变体色

美丽的珊瑚礁中生活着很多不同种类的鱼，它们的体色大都艳丽，并且可以随环境的变化而变化。这是由于它们的体表有大量的色素细胞，在神经系统的控制下，可以自由地展开或收缩，从而呈现出不同的颜色，便于伪装自己。

宝石丽鱼正在展示它斑斓的色彩。

红宝石

宝石丽鱼生活在溪流之中，吃各种植物和像水蚤一样的小动物。它们全身是红色的，上面布满了许多彩色的斑点，就像红宝石般艳丽多彩。宝石丽鱼是细心的父母，一旦幼鱼孵化出来，雄鱼和雌鱼就把它们含在嘴里，小心呵护。

蝴蝶鱼

水中蝴蝶

蝴蝶鱼有着缤纷的色彩，就像陆地上的蝴蝶一样美丽动人。它们用尖尖的嘴啄食附在珊瑚礁或岩石上的小动物。由于它们外表美丽，常被人们当观赏鱼饲养。

穿花衣

小丑鱼体色鲜艳夺目，通体呈橘黄色，身上由三条镶着黑边的白斑纹环绕。由于它们身上色彩斑斓，像马戏团里化了妆、穿上表演服的小丑，因此被称为“小丑鱼”。

小丑鱼

鱼类的鳍主要是帮助鱼保持身体平衡和推动身体前进。鱼鳍可分为胸鳍、腹鳍、背鳍、臀鳍和尾鳍。鱼在运动时，胸鳍、腹鳍和背鳍可以维持身体的平衡、转换方向或是停止，臀鳍维持身体垂直平衡，尾鳍可以产生前进的动力并起着舵的作用。

蓑鲉

有毒的鳍条

蓑鲉（yóu）的鳍条色彩艳丽，一根根分开，不像别的鱼那样有蹼状的鳍膜连着。它们的鳍条很长，上面布满了致命的剧毒，这是它们遇到敌害时的有力武器。

蓑鲉

旗鱼

弱小的鳍

海马没有腹鳍和尾鳍，只有一个非常小的背鳍和胸鳍。海马就靠这微小的背鳍推动水流，向前游动，依靠胸鳍掌握方向。

海马

蝴蝶鱼的臀鳍有3根鳍棘。

蝴蝶鱼

神奇的尾巴

蝴蝶鱼的尾巴呈扇形，几乎看不到分叉。据说，有人捕获到一条蝴蝶鱼，尾部有类似文字的图案，结果这条鱼身价倍增。

不对称的尾鳍

鲟的尾鳍两片鳍叶不对称。它们的脊椎到了尾部就开始向上延伸，成为尾鳍上叶的主干。而构成两片鳍叶的鳍条大多由脊椎下方的组织发育而成。脊椎上方组织只发育成尾部尖上的一小部分鳍条。

鲟

金鱼

鲶鱼

细长的鳍条

鲶鱼背鳍上的第一根或前几根鳍条都已经演化成坚硬的利刺，利刺的底部与背部之间有两个相扣的环节连着，可以控制利刺的竖立和平放。

奇怪的鳍

䲟鱼的头顶有一个吸盘，是由特殊的背鳍演化而成的。它们常常吸附在鲨鱼身上遨游，同时获得一些食物，并帮助鲨鱼清理身上的寄生虫。

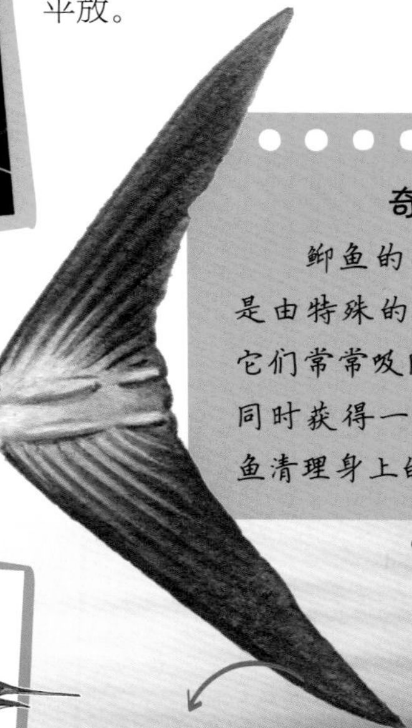

旗鱼就靠着这条奇怪的弯月形尾鳍，在水中高速游动。

暹罗斗鱼

适合高速前进的尾鳍

旗鱼是世界上游得最快的鱼之一，时速可达120千米。它们的尾部主要由鳍条构成，几乎没有肌肉，鳞片也很稀少。尾鳍狭长，呈弯月形，分叉很深，适合高速游泳。

能滑翔的翅膀

飞鱼的胸鳍很宽很长，像鸟的翅膀。当它们破水而出时，就将胸鳍展开呈扇形在水面滑翔，姿势极其优美。当它们在水中游泳时，胸鳍会贴着身体折叠起来。

飞鱼

双髻鲨

鲨鱼 Shark

鲨鱼是海洋鱼类最为恐惧的“恶魔”，它们锋利尖锐的三角形牙齿不仅令其他鱼类惧怕，也令人类望而生畏。典型的鲨鱼都长着一层坚固的皮，上面覆盖着牙齿状的鳞片，尾部不对称，通常向上翘起，肌肉强壮有力。它们宽大呈新月形的嘴巴长在身体的腹面。不过并非所有的鲨鱼都嗜血成性，在目前300多种鲨鱼中，只有约30种对人类存在一定的威胁。

鲸鲨

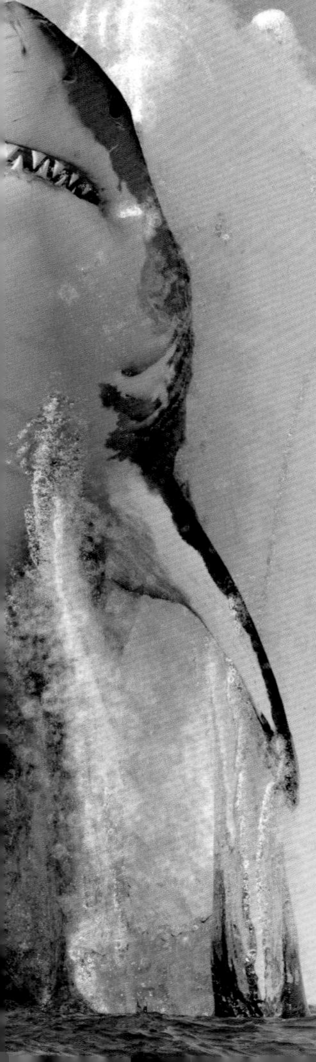

猎手的做派

鲨鱼是高超的捕食者。很多鲨鱼，如蓝鲨，身体光洁顺滑，便于迅速出击追杀猎物。另外一些鲨鱼，如须鲨，并不十分活跃。这种鲨鱼身体扁平，常趴在海底，把自己伪装成长满海藻的岩石，伺机猎杀过路的鱼类。

海洋杀手

大白鲨体形庞大，一般有6～8米长，最长的可达到12米。它们是鲨鱼家族中最有名的杀手，嗜血成性。它们不但捕杀海豚、鱼和海龟，还会攻击人类。大白鲨广泛分布于各热带、亚热带和温带海区。

双髻鲨

与众不同的鳍

鲨鱼的鳍包括由附属骨骼支持的一对胸鳍、一对腹鳍、两个背鳍、一个臀鳍和一个尾鳍。它们的背鳍可以控制方向、调节潜水深度和保持平衡；而胸鳍长得像飞机的翅膀，它们对把握方向及“刹车”有帮助；尾鳍是鲨鱼的动力推进器，提供穿过海水的推力。鲨鱼通过“S”形扭曲身体和左右摆动尾鳍在水中前进。但多数鲨鱼不能倒退，因此，一旦误入网中，便难以脱身了。

灵敏的嗅觉

鲨鱼的嗅觉极其灵敏。一条鲨鱼能够嗅到在游泳池那么大体积水中的10滴金枪鱼肉汁的味道。同时，它们也能够闻到海水中低至万分之一的血液的味道。它们的鼻子对血腥的气味极其敏感，一旦嗅到血液的气息，它们就会蜂拥而至。它们还能通过身体侧面的感觉器官——侧线，探测到猎物游动时所产生的细微的震动。

大白鲨

令人恐怖的牙齿

鲨鱼一辈子都在长牙。它们的牙齿有好几排，从颌内一直长到颌边。因为它们的下颌与头骨连接疏松，所以鲨鱼的嘴巴可以张得很大以捕食猎物。鲨鱼在撕咬猎物时，一些尖锐的牙齿会脱落，这是因为这些牙齿是长在皮肤里的。旧的牙齿脱落了，又会有新的牙齿来替代。有些鲨鱼一生中要脱落、更换约3万颗牙齿。

我的名片

家族：脊索动物门，软骨鱼纲，鲨形总目

分布地区：印度洋、太平洋和大西洋的广大海域

主要食物：鱼类、乌贼、浮游生物

身长：15~2000厘米

永不停息

大多数生活在开阔水域的鲨鱼都必须不停地游动，否则就会被淹死。这是因为鲨鱼没有鳔，在游动时是靠其油性的肝脏来保持浮力的，如果它们停止向前游，就会下沉。鲨鱼脑后两边各长有5～7个鳃裂，持续不断地游动使海水由嘴部流入，再经鳃裂流出，带来了维持生命的氧气。

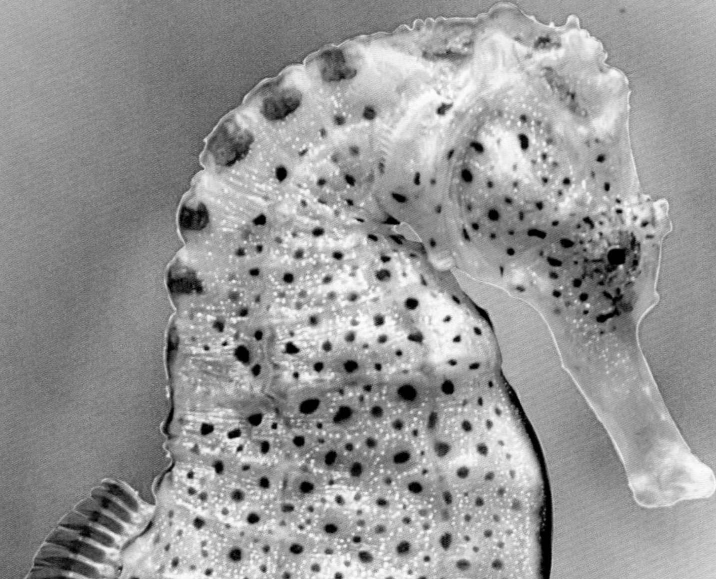

海马 Seahorse

海马是最不像鱼的一种鱼。它们的头像马的头，尾巴像猴子的尾巴，眼睛像变色龙的眼睛，整个身体就像个木雕。海马以直立的方式游泳，利用背鳍的摆动向前推进，微小的胸鳍用来调整前进的方向。海马没有腹鳍和尾鳍，但有一条细长灵活的尾巴，能把身体固定在海草上。

分工不同的眼睛

海马的眼睛生长在一个骨质的塔形结构上，每个小塔都可以转向不同的方向，所以它们常常用一只眼睛搜索食物，另一眼睛机警地环视四周。

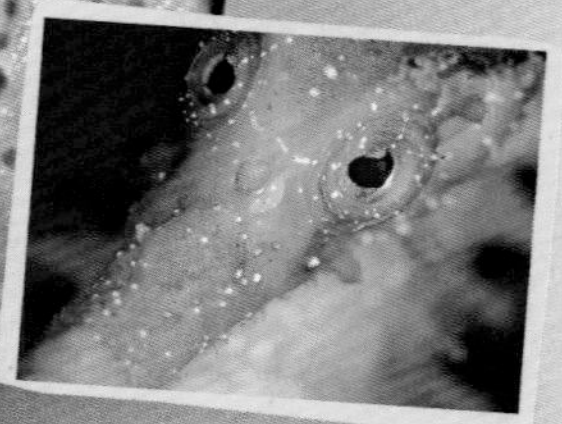

海马的眼睛由骨质小塔保护着。

育儿的爸爸

海马爸爸的肚子上有一个特别的盛卵的育儿囊。在繁殖季节，海马妈妈把卵产到育儿囊中，由海马爸爸照看。大约10天后，小海马就孵化了，这时，海马爸爸身上的育儿囊就会裂开，小海马便钻出来，投入大海的怀抱。

海马是地球上唯一由雄性妊娠繁育后代的动物。

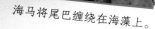

海马将尾巴缠绕在海藻上。

伪装术

海马经常用细长而弯曲的尾巴卷在海底的水藻、海草或者珊瑚上，保持一动不动的姿态，将自己伪装起来。

我的名片

家族：脊索动物门，鱼纲，刺鱼目，海龙科

分布地区：主要栖息在热带、亚热带及温带浅海地区

主要食物：小型甲壳动物

身长：约10厘米

海星 Starfish

海星是海滨最常见的棘皮动物，它们一般长有5条腕，像五角星一样。所有海洋中都有海星，它们喜欢平静的生活，一般生长在无浪的潮间带和近岸海域的深水下层。海星的种类很多，有胖乎乎的面包海星、柔软的皮肤镶边的砂海星、似荷叶的荷叶海星等。

海星的体表向外伸出许多刺和棘，所以整个身体表面都很粗糙。

海底繁星

海星的身体呈辐射对称，几乎没有躯干，全被臂膀占据。口部长在身体底部中央，肛门位于上端。海星主要呈黄褐色，还有的呈红、橘、蓝、紫或混合色，分散在广袤的海洋里，比天上的繁星还要美丽。

我的名片

家族：棘皮动物门，海星纲

分布地区：所有海洋，其中北太平洋最多

主要食物：贝、海胆、小鱼、珊瑚

腕端相距：10~20厘米

恐怖的胃

很多海星都有一种本领——把胃吐出，胃的内壁能像口袋一样把猎物包裹起来，它们的胃可消化掉任何食物。捕食蚌时，它们先用嘴向蚌壳的微缝注射麻醉液，待壳张开，便吐出胃囊将贝肉裹住。

有些海星的腕很短。

海星腕上的管足用来捕食和自卫。

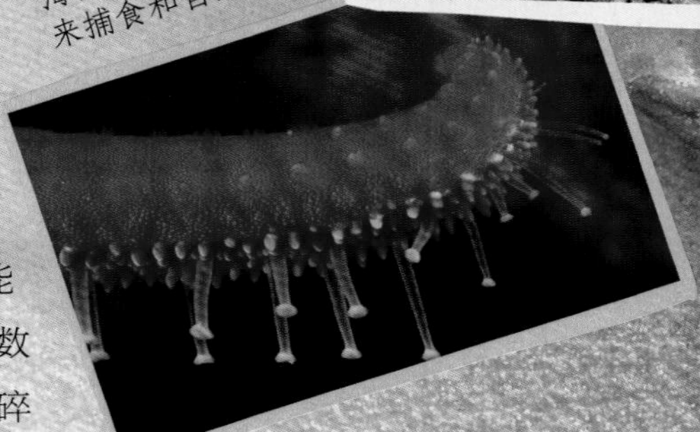

断腕再生

海星的再生能力非常强，当它们的腕不幸被敌人切断后，仍然可以从伤口处长出新的腕，只是比原来的小；而断掉的部分也能长成一只小海星。如把它们切成数片放回海中，用不了多久，每个碎片都能长成一只海星。

水母 Jellyfish

水母有很多长长的触须。

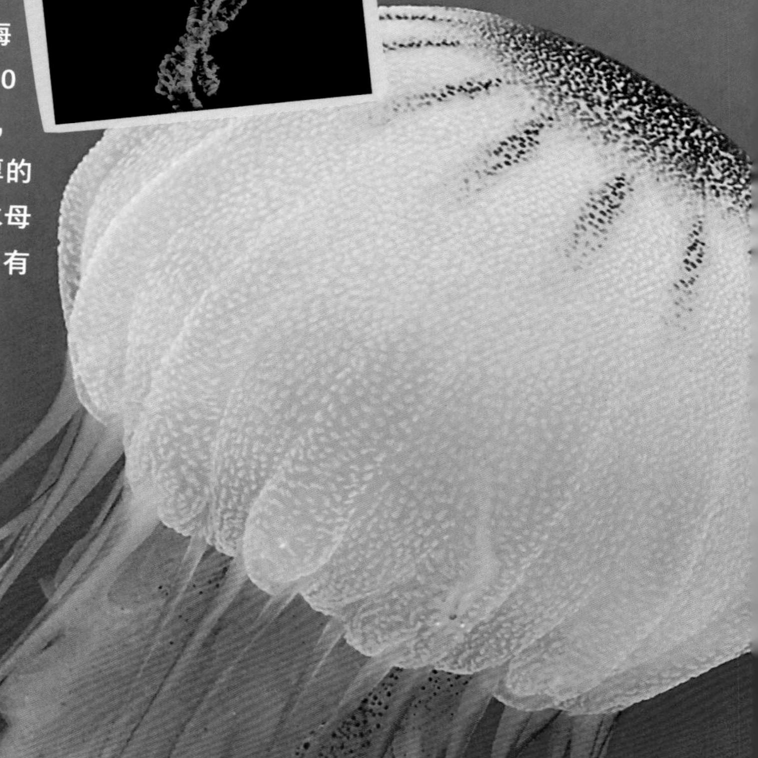

水母是一种低等的腔肠动物，也是海洋中重要的大型浮游生物，全世界有1000种左右。水母的身体里95%以上都是水，由内外两胚层所组成，两层间有一个很厚的中胶层，不但透明，而且有漂浮作用。水母的外形多样，有的像雨伞，有的像帆船，有的像帽子，十分漂亮。

形形色色的水母

水母种类繁多，人们便根据它们的特点来分类：有的会发银光，叫银水母；有的像帽子，叫僧帽水母；有的好似船上的白帆，叫帆水母；有的宛如雨伞，叫雨伞水母；有的则闪耀着彩霞的光芒，叫霞水母。

紫色条纹水母

我的名片

家族：腔肠动物门、钵水母纲

分布地区：世界各地的海洋

主要食物：小型海洋生物

圆盘直径：0.1~200厘米

有毒的触手

水母漂亮的外表下隐藏着一颗“狠毒的心”。它的触手上长满了刺细胞，刺细胞里有毒刺和装有毒液的囊。猎物一旦碰到触手，触手上的刺细胞就会将毒刺刺入猎物身体，使其中毒而死。这种毒液非常厉害，甚至会危害人的生命。

预知风暴

水母触手中间的细柄上有一个小球，里面有一粒小小的听石，这是水母的“耳朵”。海浪和空气摩擦时会产生次声波，次声波能冲击听石。这样，水母在风暴来临之前的十几个小时就能够得到信息，迅速撤退。

珊瑚 Coral

脑状珊瑚

珊瑚的外观如同植物或真菌，事实上，它们是动物，是由很多的珊瑚虫聚集在一起构成的。珊瑚虫只有水螅型的个体，呈中空的圆柱形，下端附着在物体的表面上，顶端有口，周围有一整圈或多圈触手，触手用来收集食物。多数珊瑚和珊瑚虫与活着的生命体相连，形成一个巨大的生物群。

有骨骼的珊瑚

珊瑚只有水螅体，没有水母体。珊瑚的骨骼由躯体下部的基盘和体壁的皮层分泌的石灰质形成。内陷的骨骼与包在外面的骨骼共同形成了珊瑚座，珊瑚虫的下部就镶嵌在此座内，上部仍露在外面。

柳状珊瑚

珊瑚虫

珊瑚虫一般群体生活，每个个体之间以一种叫“共肉”的结构彼此相连，共肉部分能分泌角质或石灰质的外骨骼。珊瑚虫的触手很小，都长在口边，海水经过消化腔时，其中的食物和钙质都被它们吸收了。

用处多多

造礁珊瑚可堆积成岛屿供人居住。澳大利亚著名的大堡礁，就是由众多的珊瑚虫营造的。古珊瑚和现代珊瑚可形成储油层，对寻找石油有重要意义。

我的名片

家族：刺包动物门、珊瑚虫纲

分布地区：赤道及其附近的热带、亚热带浅海区

主要食物：海洋里的浮游生物

珊瑚的颜色大多十分鲜艳。

鲸 Whale

鲸的外表像鱼，生活在海洋里，可是它们并不是鱼，而是哺乳动物。鲸是温血动物，用肺呼吸，胎生，用乳汁哺育幼崽。鲸的体表几乎没有毛，但有厚厚的脂肪层，能够保持体温。为了适应水中的生活，鲸的后脚完全退化，前脚变为鳍肢，已经不能适应陆地活动。

喷潮

鲸不能在水里呼吸，所以只能经常浮到水面来呼吸空气。鲸呼吸不用嘴，而是用头顶上特殊的喷气孔。因此它们到水面上呼吸时，肺部的空气经过喷气孔向空中喷出一团水雾，十分壮观。这就是人们渴望目睹的“喷潮”。

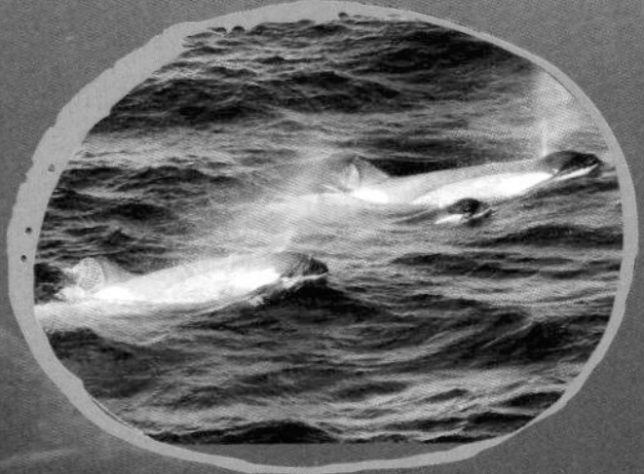

喷潮

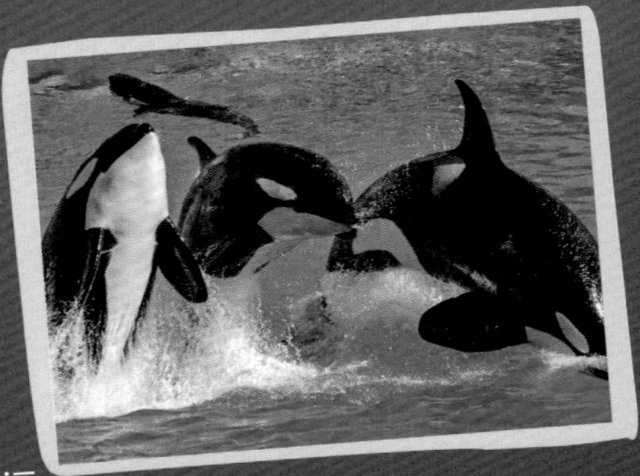

虎鲸喜欢群居生活，每次出行都是成群结队。

群居生活

鲸是喜欢群居的动物，它们群体的数量依种类、住处或时间的不同而有差异，有些族群甚至多达数千头以上。它们联系紧密，常常一起捕猎。

一角鲸

一角鲸

一角鲸的“角”其实是一颗发生了变异的长牙，从上颌伸出来长约1.5～3.1米。它们的长牙不仅可以用来捕食，还可以作为决斗的武器，抗击天敌。除了雄性，个别雌鲸也有长牙，但长度一般不超过1米，而且极为罕见。

海上奇观

鲸是一群调皮的家伙。它们常追逐海洋中来往的船只，围在船边跳水、翻腾、冲浪，有时用尾巴大力拍击海面，或是将头和身体部分露出海面，侦测四周的环境。

虎鲸

虎鲸

虎鲸是一种大型齿鲸，由于它们性情凶猛，因而又被称为“杀人鲸”“逆戟鲸”。虎鲸的嘴很大，上下颌各长着20多颗锐利的牙齿，显出一副凶神恶煞的样子。虎鲸是地球上分布最广的哺乳动物之一。

蓝鲸

蓝鲸是地球上有史以来最大的哺乳动物。蓝鲸的嘴里有几百条鲸须，它们喝进水，然后闭上嘴，这些鲸须就能够将磷虾和其他小动物从水中过滤出来。在20世纪20年代，全世界大约有14万头蓝鲸，但经过人类100年左右的捕杀，现在只剩下1.5万头左右。

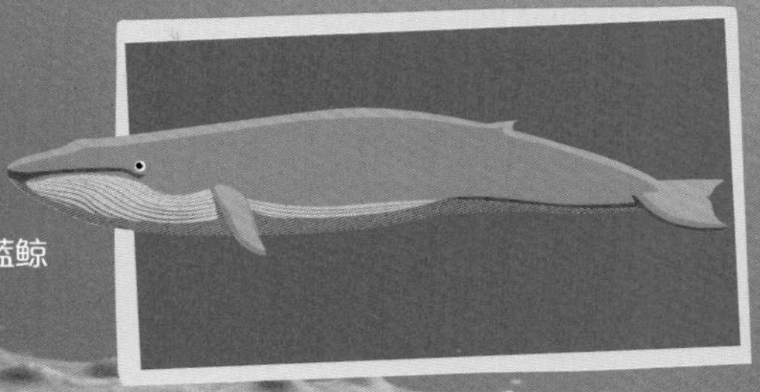
蓝鲸

座头鲸

我的名片

家族：脊索动物门，哺乳纲，鲸目
分布地区：世界各地的海洋
主要食物：鱼类、其他中小型海洋生物
身长：2.6~30米
体重：135~190000千克

迁徙

为了寻找食物和繁殖，大型的鲸会进行迁徙——冬季待在渔产丰富的两极地区，夏季就迁居到热带海洋繁殖后代。有些鲸在每年特定的时间内迁徙，有些则根据当地环境决定是否迁移，有些在生活的海域或附近洄游，有些却洄游于世界各大海洋。

白鲸

海豚靠回声定位寻找食物。

海豚 Dolphin

海豚与巨大的鲸属于同一个家族。全世界共有30多种海豚，从温暖的赤道海洋到寒冷的北极地区，都能听到海面上欢快的海豚叫声。海豚的大脑结构复杂，其智力远远超过其他哺乳动物。它们的学习能力很强，心地也非常善良，经常积极救助落海的弱小动物和人类。

小海豚出世

小海豚要在妈妈的肚子里待上一年左右才出生。出生时，小海豚先伸出小小的尾巴，最后探出头来，这样可以避免被海水呛着，接着海豚妈妈会帮助它游上水面，吸第一口空气。

海豚十分善于跳跃和游泳。

叫声联络

在海面上人们常常听到海豚各种响亮的叫声，那是它们在向同伴发出信号。这些从口中发出的叫声各不相同，有的是在向同伴自我介绍，有的在告知同伴发现食物了，有的则是向同伴求救。

海豚是海洋中长距离游泳的冠军。

特异功能

海豚有一项特异而卓越的功能，当它们处于睡眠时，两个脑半球可以轮流休息。当右侧的大脑半球处于抑制状态时，左侧的大脑半球却处于兴奋状态，每隔10多分钟交替一次。这样海豚能一边游泳一边睡觉，所以它们可以终日搏击风浪，而不会感到疲乏。

我的名片

家族：脊索动物门，哺乳纲，鲸目，海豚科

分布地区：全球海域

主要食物：各种鱼虾

身长：120~420厘米

海狮 Sea Lion

海狮的吼声如狮，有的颈部长有较长的鬃毛，非常像雄狮，所以叫海狮。它们的四肢都呈较长的鳍状，很适于在水中游泳。海狮的后肢能向前弯曲，使它们能够在陆地上更加灵活地行走，还能像狗一样蹲在地上。海狮生活在南北半球各海域，磷虾是它们吃得最多的食物。

海狮

海狮和海豹的区别

海狮和海豹虽然相似，但是在陆地上很容易把它们区分开。在陆地上，海狮的后肢能够向前翻，可以用来行走。而海豹的后肢太短，根本派不上用场。另外，海狮有小指头般的外耳，而海豹则没有。

我的名片

家族：脊索动物门，哺乳纲，鳍足目

分布地区：世界各地的海洋

主要食物：鱼类、蚌、乌贼、海蜇

身长：2.5~3米

体重：300~1000千克

海豹 Seal

海豹种类众多，多分布于北半球寒带海洋中。海豹长着胖乎乎的纺锤形身体，圆圆的头上长着一双又黑又亮的眼睛。它们的鼻孔是朝天的，嘴唇中间有一条纵沟，很像兔唇，唇上还长着长长的胡须。海豹短胖的前鳍肢非常灵活，游泳时用来划水，能抓住猎物进食，甚至还会抓痒。

胖乎乎的海豹

我的名片

家族：脊索动物门，哺乳纲，鳍足目，海豹科

分布地区：多数生活在寒带海洋

主要食物：乌贼、章鱼、小鱼

身长：100~600厘米

母爱

海豹在岸边产仔，一胎产一仔。小海豹身上长着柔软而洁白的毛。雌海豹对幼仔非常疼爱，时刻都精心看护着它们。成群的海豹在岸上晒太阳时，几只雄海豹负责海豹群的安全，雌海豹则将小海豹搂在怀中。一旦发现危险来临，雌海豹会立刻抱着小海豹逃入大海。

大多数海豹幼崽的体毛都是白色的。

好奇小问号

No.1 为什么企鹅生活在南极，而不是北极？

企鹅的耐寒能力极强，它们可以在 -60℃的环境里生活。那么，为何它们不选择同样寒冷的北极安家呢？因为企鹅体重大，只会游泳，不会飞行，所以起源于南极附近的企鹅最终也没能走出南半球。

No.2 为什么鸟睡觉的时候不会从树上掉下来？

鸟类通常睡在树枝上，但它们为什么不会掉下来呢？科学家研究发现，鸟的大腿肌肉放松时，它们的爪子肌腱是抓紧的。当它们想离开树枝的时候，大腿肌肉收紧，爪子肌腱放松才能飞走。因此，它们睡觉大腿肌肉放松时是不会掉下来的。

No.3 什么鱼游泳速度最快？

如果比游泳速度，那么冠军就是旗鱼了。在蔚蓝的海洋中，旗鱼像利箭一样飞速前进。追击猎物时，它的游泳速度可以达到 120 千米 / 小时。旗鱼的嘴巴很特别，像一把长剑，方便把水向两边分开。它的背鳍也很独特，像船上的帆，当它快速游动时，就会放下“帆”，以减少水的阻力。它的尾鳍肌肉发达，摆动起来就像一个助推器。独特的身体结构，帮助它更快地游动。

No.4 巨嘴鸟的嘴巴那么大，会影响它飞行吗？

巨嘴鸟的嘴巴很长，有的超过了身长的一半，看上去很大很重。但实际上，它的喙很轻，外面是一层薄薄的角质鞘，里面是中空的，有很多细的骨质支撑杆交错排列着。所以，重量不大的喙并不会影响到它飞行时的平衡。

No.5 鹦鹉为什么爱学人说话？

鹦鹉学人说话，只是一种简单的声音模仿。鹦鹉的口腔比较大，舌头长圆且肉多。它们的两条支气管交叉处的鸣管呈薄膜状。当空气通过鸣管的时候，就会发出声音。而鸣管外的鸣肌也很发达，这部分肌肉收缩放松的过程，鸣管的形状也会改变。所以，它可以学人说话，是和它的口腔结构有着紧密的关系的。

No.6 寄居蟹为什么寄居在螺壳里？

寄居蟹是甲壳类动物，但是它们天生没有保护自己的壳，而且腹部十分柔软，很容易被攻击。因此，聪明的寄居蟹就向海螺发起了进攻，将螺壳的主人吃掉（或者找空的螺壳）住进去，以抵挡敌害的进攻。随着身体的长大，它们也会更换新的螺壳。

No.7 比目鱼的两只眼睛为什么长在一边？

比目鱼从鱼卵变成小鱼的时候，它的眼睛和其他鱼一样，是长在左右两边的。当它长到 20 多天时，由于身体发育不平衡，就把身体侧过来游泳，侧卧在海底生活。这时候，它的一只眼睛随着眼下软带的增长，经过脊背而移到另一侧，和另一只眼睛并列在一起。到了合适的位置，移动的眼睛的眼眶骨长成，就不再移动了。所以，它就变成了我们所看到的有点奇怪的模样。

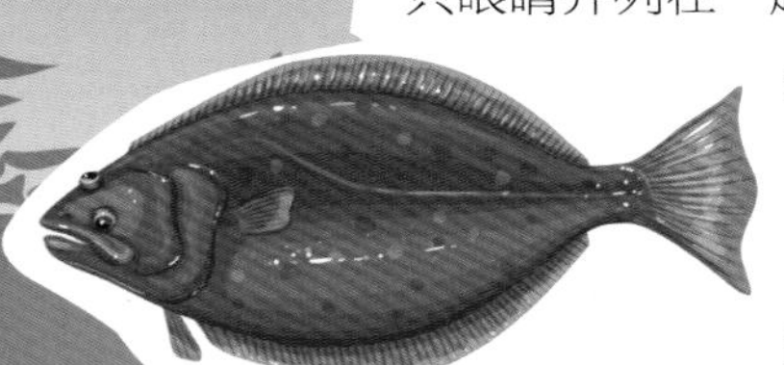

奇趣动物大百科 第三卷

美术编辑：刘晓东
文图编辑：白海波　于海清
封面设计：何　琳
版式设计：何　琳
图片提供：视觉中国　站酷海洛